KB167645

문화원형 창작소재 활용가이드북
한국의 전투와 무기

펴낸곳 / (주)현암사
펴낸이 / 조근태
엮은이 / 한국문화콘텐츠진흥원
글쓴이 / 신현득
감수한이 / 신재호, 유용원

주간 / 형난옥
편집 / 김영화 · 최일규
표지 디자인 / ph413
본문 디자인 / 정해욱
제작 / 조은미

초판 발행 / 2008년 4월 30일
등록일 / 1951년 12월 24일 · 10-126

주소 / 서울시 마포구 아현 3동 627-5 · 우편번호 121-862
전화 / 365-5051 · 팩스 / 313-2729
E-mail / editor@hyeonamsa.com

*이 책은 한국문화콘텐츠진흥원의 '문화원형 창작소재 활용가이드북' 사업을
통해 제작된 결과물을 바탕으로 출판되었습니다.

ISBN 978-89-323-1465-5 03390

한국의 전투와 무기

한국의 전투와 무기

한국문화콘텐츠진흥원 편
신현득 글
신재호, 유용원 감수

현암사

| 머리말 |

우리가 지켜야 할 우리나라

우리 역사에는 수많은 전투가 있었습니다. 그 중에는 나라 안에서 일어난 전투도 있었지만 다른 민족이 침략해 벌어진 전투가 대부분이었습니다. 이 많은 전투에서 우리 조상은 나라를 지키기 위해 피를 흘렸습니다. 우리는 조상들이 흘린 핏자국 위에 살고 있는 것입니다. 나라를 지켜주신 조상들께 고마워해야 할 이유가 여기에 있습니다.

그럼 과연 우리 조상들은 어떻게 싸웠을까요? 이 책은 이 질문에 대한 대답으로 만들었습니다. 우리 역사에서 꼭 알아야 할 전투를 골라 전투의 원인, 경과와 결과, 중심 인물과 무기 등을 알기 쉽게 이야기하면서 역사 공부에 도움이 되게 하였습니다.

여기에 곁들여서 생각할 것은 우리 조상들이 싸움마다 새로운 무기를 개발하여 적을 물리쳤다는 사실입니다. 삼국 시대에는 강한 활을 만들었고 고려 말에는 화약 무기를 개발하였습니다. 임진왜란 때에 사용한 비격진천뢰와 거북선 등은 조상들의 슬기로 발명한 신무기였습니다.

우리나라는 우리가 지켜야 할 나라입니다. 나라를 지켜 낸 우리 조상들과 잠시 잃었던 나라를 되찾기 위해 노력한 애국 선열들을 떠올려보고 감사해야 할 것입니다. 이 책을 읽으며 우리나라를 위해 무엇을 할 수 있는지 생각해 보고 마음을 다지는 계기가 되었으면 합니다.

이 책을 쓰는 데 한국문화콘텐츠진흥원에서 개발한 문화원형 디지털콘텐츠 사이트가 큰 도움이 되었습니다. 또한 일제 강점기와 한국전쟁 시기의 무기, 현대 한국군의 무기를 정리해 주신 신재호 님과 유용원 님께 고마움을 전합니다.

신현득

| 차례 |

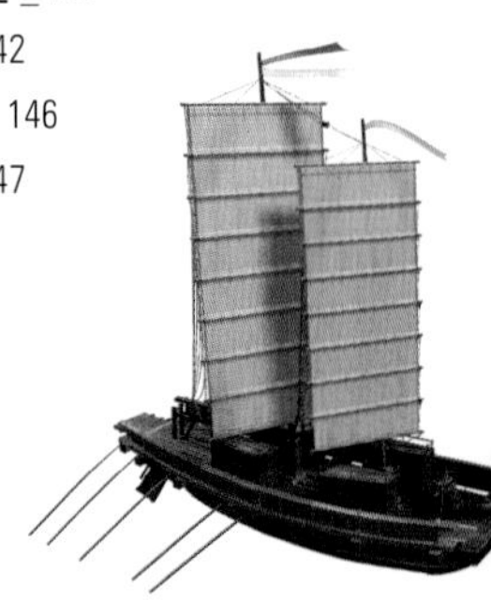

5. 조선 시대

6. 일제 강점기

7. 대한민국

⚜ 임진왜란
◒ 6·25 전쟁

1 초기 국가 시대

우리 겨레가 처음 세운 나라는 고조선이다. 고조선은 한반도와 중국 대륙 일부를 호령하던 강한 나라였다. 고조선의 국력은 청동기와 철기를 바탕으로 한 강력한 무기에서 비롯하였다. 연나라와 한나라 등 영토를 침범하는 중국 세력에 맞선 고조선 군사들은 도시 주위에 성을 쌓고 나라를 위해 싸웠다. 내분으로 무너진 고조선의 뒤를 이어 부여, 고구려, 옥저, 동예, 삼한 등이 등장했다.

왕검성 전투

"한나라를 괴롭히는 흉노를 고비사막 너머로 내쫓고 나니 시원하구나. 그러나 동쪽나라 조선도 만만한 상대가 아니거든. 섭하는 조선에 가서 우거왕을 달래어보아라. 달래다가 안 되거든 위협을 해!"

한나라 무제의 명령을 받은 섭하가 고조선으로 와서 우거왕을 만났다.

"조선 왕 전하! 우리 한나라가 천하를 거느리게 되었습니다. 우리 폐하의 신하가 되어주십시오. 그러지 않을 때는 흉노와 같은 경우를 당할 것입니다."

"그렇게는 못하겠소."

우거왕을 달래지 못한 섭하는 무제의 노여움이 두려웠다. 그러다가 자기를 호송하고 있는 조선의 장수 비왕 장을 죽이기로 하였다.

"폐하. 조선 왕은 고분고분하지 않아서 뜻을 이루지 못하였습니다. 대신 조선 장수의 목을 베어 가지고 왔습니다."

"그만하면 되었다. 공을 세웠으니 너에게 요동을 지키는 벼슬을 내리겠다. 조선과 국경이 맞닿고 있으니 조선을 감시하도록 하라!"

이리하여 섭하는 요동군 동부도위가 되었다.

우거왕은 자신의 신하를 죽인 섭하를 그냥 둘 수 없었다. 곧 군사를 보내어 섭하의 목을 잘라 오고 말았다. 이리하여 벌어진 전쟁이 왕검성 전투이다.

한나라 무제는 순체가 거느린 육군 5만 명과 양복이 거느린 수군 7,000명을 이끌고 조선의 수도 왕검성을 공격하였다.

그러나 용감한 조선군에게 크게 패하여 많은 군사를 잃고 물러섰다. 이에 한나라 무제는 다시 사신을 왕검성 안에 들여보내어 조선 왕에게 화의를 청하였다.

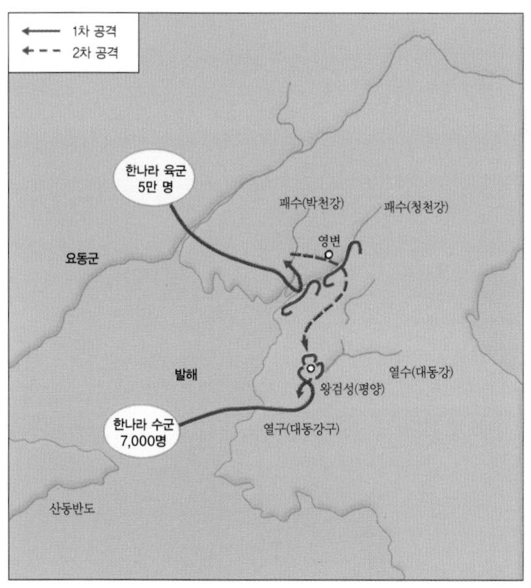

한나라의 고조선 침입 경로

"조선왕 전하. 폐하의 신하가 되어주십시오"

"그렇게는 못하겠다고 너의 임금에게 전해라!"

이리하여 이전보다 더욱 치열한 전쟁이 시작되었다. 몇 달을 싸워도 승부가 나지 않자 이기지 못할 것을 안 한무제는 고조선 내부를 교란시키는 작전을 펴게 되었다. 그러자 나쁜 마음을 먹은 신하가 우거왕을 죽이고 한나라에게 항복하였다. 이리하여 고조선이 무너지고 말았다.

그러나 성기 장군은 최후까지 싸우다가 나라 위해 목숨을 바쳤다. 한나라의 순체가 자객을 시켜 성기를 죽였다고 한다.

현도성 전투

기원전 108년에 고조선의 땅을 빼앗은 한나라 무제가 4군을 두고 자기 나라 관리를 보내어 다스리게 하자, 한나라 사람이 몰려와서 살게 되었다. 4군 중 낙랑은 현재의 평안남도, 임둔은 함경남도, 현도는 압록강 상류, 진번은 황해도 지역이었다.

뒤이어 나라를 세운 고구려는 한나라 사람을 몰아내기 위해 한4군을 공격하기 시작하였다. 한나라도 이에 질세라 고구려 공격을 준비했다.

"고구려를 그냥 두었다가는 4군이 온전하지 못할 것이다. 초기에 길을 들여야 한다."

한나라가 고구려를 공격해 온 것은 고구려 제6대 태조왕 때인 121년 봄이었다. 태조왕은 동생인 수성에게 군사를 주어 적을 막도록 하였다. 수성은 교묘한 작전으로 한나라 군사를 물리치고 큰 승리를 거두었다. 4월이 되자 태조왕은 직접 군사를 이끌고 한나라를 공격했다. 한나라에서는 요동 태수 채풍이 군사를 이끌고 나와 싸웠지만 태조왕을 막기에는 역부족이었다. 태조왕은 채풍을 비롯한 수많은 한나라 군사의 목숨을 빼앗고 돌아왔다.

"이번에는 내가 나가봐야겠다. 한나라를 몰아내어야 해."

겨울이 되자 태조왕은 한4군의 현도성을 공격하기로 하였다. 태조왕이 거느린 군사는 고구려, 마한, 예, 맥의 연합군 1만여 명이었다.

격렬한 전투가 시작되었다. 그러자 위협을 느낀 부여는 왕자 위구태에게 군사를 주어 한나라 군사를 돕도록 하였다. 현도와 부여의 연합군은 모두 2만 명이었다.

한나라 군사는 성을 의지하여 반격을 하고, 부여의 군사는 고구려군의 뒷편에서 협공을 하였다. 고구려군은 그만 두 나라 군사에게 포위되고 말았다. 필사적으로 포위망을 뚫던 고구려군은 무려 500명의 군사를 잃었다.

전투의 결과 고구려와 한나라가 다시 국교를 트게 되었다. 그러나 그 뒤 고구려는 한4군을 계속 공격하여 한나라 사람과 벼슬아치를 모두 쫓아내었다.

주요 인물

성기(成己, ?~B.C.108)
고조선의 군사를 총지휘한 용맹한 장수. 한나라의 대군을 맞아 조선군사를 지휘하면서 끝까지 싸우다가 한나라의 순체가 보낸 자객에 의해 목숨을 잃었다.

수성(遂成, 71~165)
고구려 태조왕의 동생. 121년에 한나라의 유주 자사 풍환, 현도 태수 요광, 요동 태수 채풍 등이 공격해오자 군사를 이끌고 나가 이를 대파한 후 군사에 대한 정사를 맡게 되었고 146년 태조왕의 뒤를 이어 왕위에 올랐다. 차대왕이라 불리었다.

우거왕(右渠王, ?~B.C.108)
고조선의 마지막 왕. 한나라의 요구를 끝까지 듣지 않았다. 할아버지 위만이 고조선의 왕이 된 지 80여 년 만에 나라를 잃었다.

위구태(尉仇台, ?~?)
부여의 왕자. 120년 한나라에 사신으로 다녀왔고, 121년 2만 명의 군사로 한나라를 도와 현도성에서 고구려군을 쳐부수었다. 이어서 부여의 왕이 되었고 요동 태수 공손탁의 딸을 왕비로 맞아들였다.

태조왕(太祖王, 47~165)
고구려 제6대 왕. 유리왕의 손자. 이웃 여러 나라를 정복하여 국토를 넓혔고 고구려의 기틀을 완성하였다. 동생인 수성을 시켜 한나라를 치게 하였으며 자기도 군사를 이끌고 한4군의 하나인 현도성을 공격했으나 성을 빼앗지는 못했다. 우리 역사에서 가장 오래 산 왕으로 무려 119세를 살았다.

무기

| 도끼 |

석기시대부터 물건이나 나무를 쪼개고 자르는 도구였으며 전투시에는 찍거나 내려쳐서 상대방에게 타격을 주는 무기로 사용하였다. 주로 육박전에 많이 썼는데 초기 국가 시대뿐만 아니라 삼국 시대에도 중요한 무기로 사용하였다. 이는 고구려 안악3호분, 평양역전이실분, 약수리벽화고분 등의 무사 행렬도에 도끼를 어깨에 매고 행진하는 무사가 등장하는 것으로 미루어 알 수 있다. 또 백제의 병사가 도끼를 이용해 신라의 장수를 죽였다는 『삼국사기』 눌최전의 기록에서도 알 수 있다.

바퀴날도끼(달도끼)

돌로 만든 타격용 무기로서 기원전 20세기 후반에서 10세기 정도 청동기 시대에 많이 사용하였다. 돌을 지름 10~15cm 가량의 원반 모양으로 다듬어 가운데에 구멍을 뚫고 손잡이용 나무를 끼워 사용하였다. 사용된 돌은 편암이나 점판암이 대부분이었고 사암이나 석록암 등으로 만든 것도 있었다. 우리나라 전국에서 출토되고 있는데 중부 이남에서는 아주 드물게 발견된다.

톱니날도끼(별도끼)

톱니처럼 날카로운 날들이 가장자리로 뻗치고 가운데에 구멍이 뚫려 있는 타격용 도끼. 주로 점판암으로 만들며 별도끼라고도 한다. 일반적으로 중앙이 불룩하고 주위로 갈수록 두께가 얇아져 흡사 바둑돌 같은 원반 모양이다. 중심부에는 막대기를 꽂기 위한 큰 구멍이 있고 이 구멍에서 돌기 사이로 홈이 파여 있다. 도끼날을 이루는 돌기의 형태도 다양하다. 원반의 둘레를 넓게 파고 안쪽을 좁게 파서 삼각형 돌기가 별 모양을 이룬 것이 가장 많고 길쭉한 네모꼴, 끝이 넓은 사다리꼴, 부채살 모양 등의 돌기가 있기도 하다.

그러나 별도끼는 정교하게 가공하여 만든 것으로 미루어 흔히 쓰인 무기라기보다는 당시 특수한 신분을 가진 사람들이 권위의 상징으로 만들어 소지하였던 것으로 여겨진다. 우리나라에서는 서북지방과 동북지방에서 집중적으로 출토되고 있는데 파주 옥석리, 남양주 지금리가 하한선이고 남쪽 지방에서는 아직 발견되지 않았다.

쇠도끼

철기 문화가 유입되면서 그간 돌이나 청동으로 만들던 도끼가 철제 도끼로 바뀌었다. 고조선 시대부터 많이 만들어졌으며 실제 많은 쇠도끼가 고분에서 출토되었다.

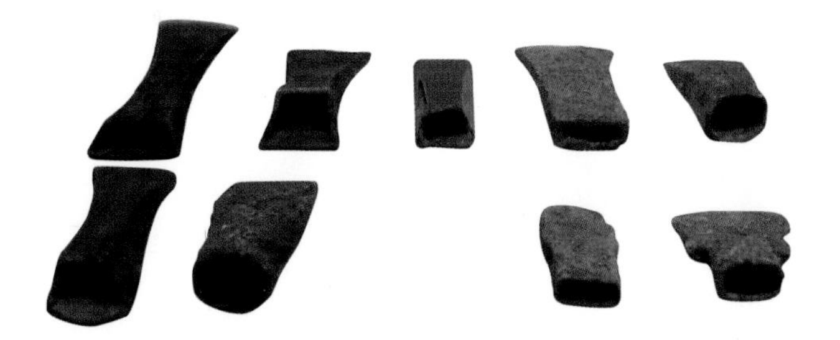

| 창 |

긴 장대 끝에 살상을 목적으로 찌를 수 있는 도구를 고정시킨 무기. 인류가 고안한 최초의 무기 중 하나다. 만들기도 쉽고 찌르거나 던져 적을 공격하기 쉬워 후대에 이르기까지 기본적인 무기로 널리 사용하였다. 현재 청동으로 만들어진 고조선 초기의 창이 발굴되었는데 고조선 말기에는 청동 대신 철로 만들어졌을 것으로 여겨진다.

과

물체를 찍은 뒤 안쪽 날을 사용해 끌어당기는 전투용 무기. 상대를 베는 데에도 사용하였다. 꺾창이라고도 한다. 몸체 부분과 내內라고 불리는 슴베 부분으로 이루어지는데 슴베 부분에 긴 나무자루를 수직에 가깝게 묶어 사용하였다. 청동으로 만든 과의 경우 우리나라에서는 기원전 2세기경부터 기원후 1세기 정도까지 사용하였다. 중국에서는 은나라 때부터 사용하였는데 옥, 돌, 청동 등 다양한 재료의 과가 있었으며 전국 시대에는 창과 꺾창이 합쳐진 갈래창으로 개량하였다.

모

긴 자루 끝에 찌르는 날을 붙인 무기. 창날과 자루집의 두 부분으로 되어 있어서 자루집에 긴 나무자루를 박아 사용한다. 우리나라에서는 고구려 고분 벽화에서 보이듯 보병과 기마병의 가장 보편적인 무기로 사용하였다. 고분에서 출토된 것은 자루 부분이 사라지고 날 끝만 남아 있는 것이다. 중국의 경우 보병이 사용하는 것은 약 4.5m이고, 전차병이 사용하는 것은 약 5.4m라는 기록이 있다.

| 칼 |

상대를 베거나 찔러서 피해를 입히는 무기. 한쪽에만 날이 있는 것을 도刀라 하고 양쪽에 날이 있는 것을 검劍이라 하는데 명확히 구분해 부르지 않는다. 칼은 석기시대에 돌칼을 만들면서부터 사용하였다. 이 시대에는 돌칼과 함께 돌도끼, 돌찍개 등을 사용하였는데 생활과 사냥에 쓰다가 무기로 발전하였다. 무기로 쓴 칼은 크기에 따라 장검과 단검, 장도와 단도 등으로 구별하였고 자루에 장식을 하기도 하였다.

돌검(마제석검)

주로 점판암을 정교하게 갈아서 만든 칼. 점차 사람과의 격투에 적합한 무기로 발전하였다. 버들잎 모양의 몸체 양 측면에 날이 세워져 있으며 단면은 볼록한 형태다. 손잡이 부분의 형태에 따라 손에 쥘 수 있는 자루가 달린 유병식과 자루를 꽂을 수 있는 슴베가 붙은 유경식으로 분류한다.

함경북도를 제외한 우리나라 전역에 걸쳐 출토되는데 우리나라 청동기문화와 관련 있는 만주 지역이나 중국 본토에서는 발견되지 않아 우리나라에서 독특하게 발달된 무기로 보기도 한다. 한편 러시아 연해주와 일본 일부 지역에서 비슷한 유물이 출토되어 이들 지역과 연관이 있는 것으로도 추정한다.

| 활 |

화살을 쏘아 멀리 있는 적에게 상처를 주는 무기. 구석기시대 후반부터 사용하였다. 다른 무기와 마찬가지로 처음에는 사냥 도구였지만 전투용 무기가 되었다. 고조선 시대에는 박달나무로 만든 단궁을 많이 썼고 이후 다른 나무나 물소 뿔을 재료로 한 활을 사용하였다.

단궁

고대 우리나라에서 사용하였던 활. 박달나무로 만들었기 때문에 단궁檀弓이라 한다. 우리나라 목궁의 시초라 할 수 있다. 단궁이 예濊족의 특산물로 유명하다는 기록이 『삼국지』「위지동이전」에 나오며 『위지』에도 예의 사신이 단궁과 기타 특산물을 바쳤다는 언급이 있다. 이로 미루어 단궁은 고조선 때부터 사용한 활로서 예의 땅에서 생산되어 낙랑 일대와 기타 여러 지역에서 공통적으로 쓰였던 것으로 여겨진다.

화살

활시위에 메워서 당겼다가 놓으면 그 반동으로 멀리 날아가도록 만든 무기. 활과 함께 발달하였다. 주로 대나무를 사용해 만들었고 간혹 싸리나무로 만들기도 했다. 일반적으로 앞부분에 화살촉을 달아 무게중심이 앞으로 쏠리게 하고 뒷부분에는 깃털 등으로 만든 날개를 부착해 바르게 날아갈 수 있도록 했다. 고조선 시기에 사용하였던 돌화살촉이 많이 출토되었다.

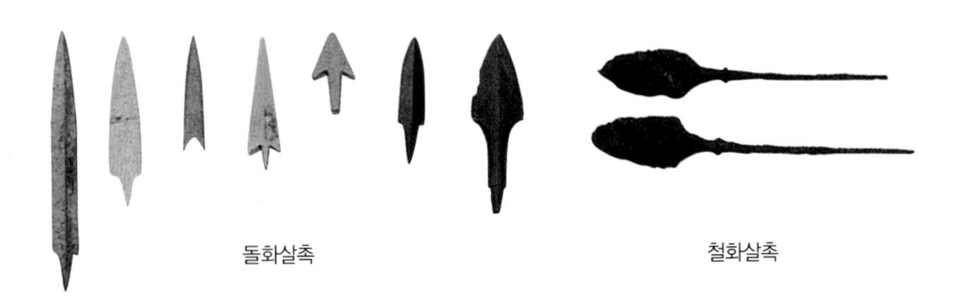

돌화살촉 철화살촉

성의 역사

| 성 |

성은 적의 습격에 대비해서 흙이나 돌로 쌓은 방어 시설이다. 수만 년 전 사람이 동굴에 살면서 입구에 돌을 쌓거나 울타리를 만들어 적이나 들짐승의 습격을 막은 것이 성의 시작이다.

문명이 발달해 도시가 생겨나면서 적으로부터 주민과 재물을 지키기 위해 도시를 빙 둘러 성을 쌓았다. 이러한 도시를 성곽도시라 하는데 옛 도시 대부분이 이에 해당한다.

흙으로 쌓은 성을 토성이라 하고 돌로 쌓은 성을 석성이라 한다. 산에 쌓은 성은 산성이라 하는데 적의 공격을 막기 쉬운 장점이 있다. 산이 많은 우리나라에는 전쟁에 대비한 산성이 많았다. 성 주변에는 빈 구덩이인 참호나 물이 흐르는 구덩이인 해자를 파 적의 공격을 방어하기도 했다.

기록상으로 우리나라에서 가장 오래된 성은 고조선의 왕 위만이 도읍을 정했다는 왕검성, 백제 온조왕 때 쌓았다는 위례성 등이 있다.

낙랑토성

삼년산성

몽촌토성의 목책

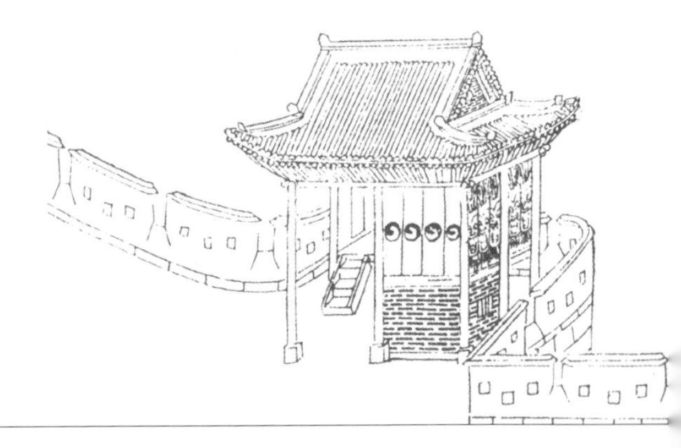

| 성을 둘러싼 싸움 |

수성전(守城戰)

적이 성을 공격해 올 때 성을 지키는 싸움이 수성전이다. 왕검성 전투에서 고조선 군사들이 한나라 대군의 공격에 2년 가까이 버티었다는 것은 왕검성 사람들과 고조선 군사들이 수성전에 능하고 튼튼한 무기를 지니고 있었다는 뜻이다.

수성전을 위해서는 넉넉한 식량과 충분한 무기가 확보되어야 한다. 초기 국가 시대의 수성전에는 칼, 창, 활과 같은 무기가 주로 쓰였다.

공성전(攻城戰)

적이 침입하여 성을 점령하였을 때는 성을 공격해서 되찾아야 한다. 성안에 식량과 무기가 바닥나고 외부의 지원이 없을 때에는 포위를 느슨하게 하고 적이 달아날만한 곳에 군사를 매복시켜 공격하는 방법이 있다. 그러나 성안에 무기가 많고 식량이 넉넉할 때는 한시라도 빨리 공격을 해야 한다.

흙으로 참호와 해자를 메우고 적의 성을 넘어다볼 수 있는 토성을 쌓아 공격하는 것도 한 방법이다. 토성을 쌓으려면 시간이 오래 걸리지만 적보다 높은 곳에서 공격하는 것이 그만큼 유리하기에 종종 사용된 전법이다. 군사들이 몹시 지친 것처럼 가장하여 적이 성 밖으로 나와 공격하도록 하는 것도 한 방법이다. 또한 성의 한쪽만 집중적으로 공격하다가 반대쪽으로 날쌘 군사들을 투입하는 방법도 있다.

2 삼국 시대

고구려, 신라, 백제의 삼국 시대에는 전쟁이 끊이지 않았다. 중국이나 왜적들과의 싸움뿐만 아니라 서로간의 전투도 빈번했다. 영토를 조금이라도 더 확보하려는 싸움이었다. 중국에서 들어온 무기와 새로 개발된 무기들이 더욱 싸움을 치열하게 이끌었다. 700여 년 동안 지속되어 온 삼국 시대는 당나라와 손잡은 신라가 삼국을 통일하며 막을 내렸다. 이후 발해가 건국되는 등 사라진 고구려와 백제의 전통을 계승하려는 노력이 계속되었다.

서안평 전투

한나라가 무너진 중국은 손권의 오나라와 유비의 촉한, 조조의 위나라로 나뉘어졌다. 한반도에 가까운 요동과 한사군은 모두 위나라 땅이 되었는데 나라가 바뀌어 뒤숭숭한 분위기가 이어졌다. 이런 분위기를 파악한 고구려는 본격적으로 기회를 노렸다.

"우리 옛 땅에서 중국 세력을 몰아낼 좋은 기회가 왔다!"

고구려 제11대 동천왕은 군사를 보내어 요동의 서안평을 점령했다. 서안평은 중국으로 가는 교통 요지로, 한 4군의 중요한 길목이었다.

위기를 느낀 위나라는 유주자사 관구검을 요동으로 보내 고구려를 공격하게 하였다. 244년 가을, 드디어 관구검의 대군이 요동을 공격했다. 고구려는 2만 명의 군사를 동원해 방어했고 위나라는 6,000명의 군사를 잃고 물러섰다.

한 발 물러선 관구검은 반격을 거듭하다가 고구려의 수도 환도성에 침입하여 성을 점령하고 말았다. 환도성을 내 준 고구려의 동천왕은 남옥저(지금의 함경도)로 몸을 피했다.

“고구려 왕을 추격하라! 동천왕은 나라를 내놓아라!”

관구검은 소리쳤지만 고구려 군사는 위나라 군사를 결사적으로 막아냈다. 동천왕을 호위하던 고구려 장수 밀우는 결사대를 조직하여 왕을 뒤쫓는 위나라 군사를 막았고 유유는 항복을 가장하고 혼자 적진에 들어가 적군 장수를 죽이고 자신도 죽었다. 치열한 항전에 위나라 군사는 그만 사기가 꺾이고 말았다.

“고구려 사람의 용기에는 당할 수가 없군.”

관구검은 결국 군사를 거두어 유주로 돌아갔다. 충신 밀우와 유유가 위기에서 나라를 구한 것이다.

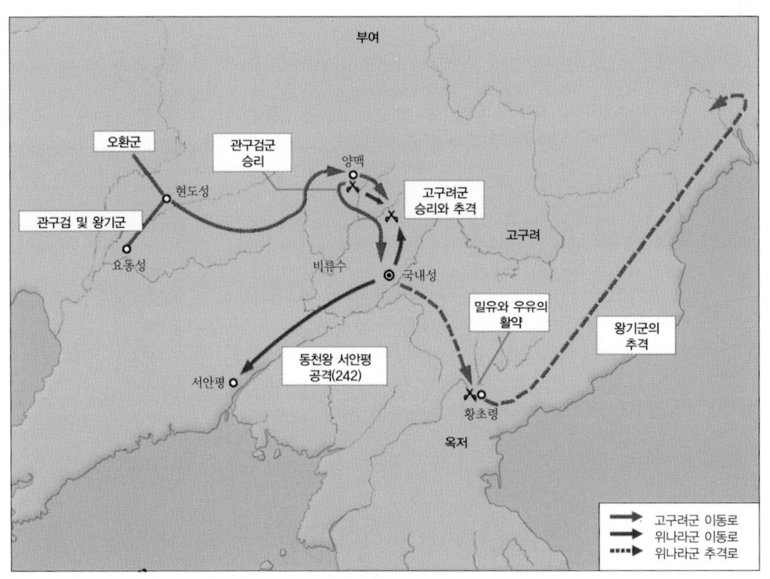

고구려의 서안평 공격과 위나라의 고구려 침입 경로

평양성 전투[1]

고구려와 백제는 같은 고주몽의 후손이지만 국가의 이익이 걸린 문제로 번번이 다투곤 했다. 고구려가 남쪽으로 땅을 넓히려는 정책 때문에 더욱 많은 다툼이 일어나기도 했다.

고구려 제16대 고국원왕은 압록강 북쪽의 수도 환도성 외에도 남쪽 지역 확보를 위한 전진기지인 평양성 정비에 힘썼다. 고국원왕은 평양성을 단단히 정비한 후인 369년 9월, 2만 명의 군사를 동원해 백제를 공격했지만 결국 패배하고 물러났다.

"이번에는 백제가 공격할 차례다!"

전쟁에서 이긴 백제 제13대 근초고왕은 2년 후인 371년 10월 대군을 이끌고 고구려의 평양성을 공격했다. 근초고왕이 직접 지휘하는 백제군과 고국원왕이 직접 지휘하는 고구려군 사이에 큰 전투가 벌어졌다.

두 나라는 일진일퇴를 거듭하였고 전투는 추운 겨울까지 이어졌다. 그러던 어느 날 평양성에서 병사들을 지휘하던 고국원왕이 화살을 맞고 쓰러졌다. 백제군의 화살이 왕의 목숨을 앗아간 것이었다.

"우리 대왕이 싸움터에서 돌아가셨다!"

고구려 군사들은 분개하며 죽기로써 싸웠으나 결국 백제 군사들에게 밀려나 대동강 남쪽 땅을 모두 잃고 말았다. 이로부터 고구려와 백제는 원수의 나라가 되었다.

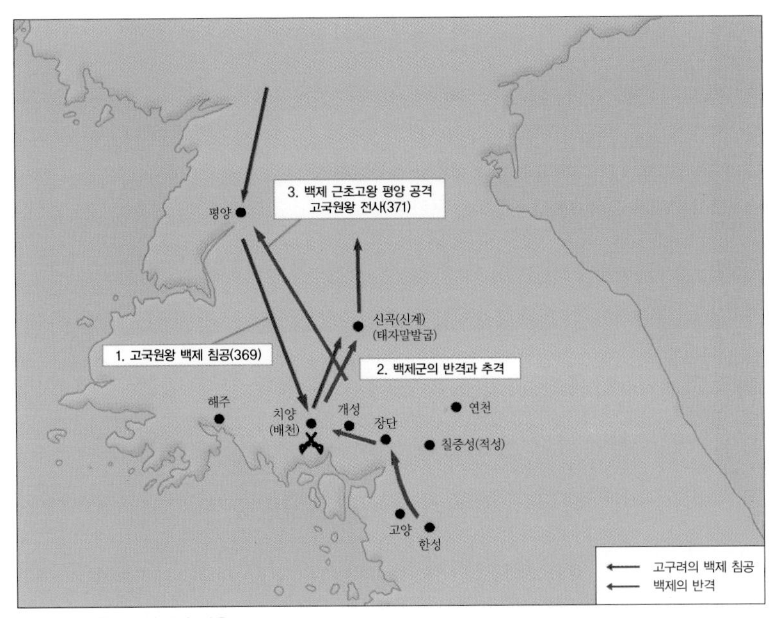

4세기 고구려와 백제의 싸움

관미성 전투

“백제의 관미성을 빼앗아야 한강과 임진강의 물길을 통제할 수 있다. 그러나 군사력만으로는 어려우므로 계책을 써야 한다!”

고구려 제19대 광개토왕은 우두머리 대장들을 모아놓고 작전을 의논하였다.

광개토왕은 여러 나라를 정복하여 국토를 넓혀 왔다. 수많은 전쟁을 벌였지만 한번도 패한 적이 없었다. 그러나 관미성만큼은 쉽게 공격하기 어려웠다.

관미성은 경기도 파주시 오두산에 있는 성으로, 오두산성이라고도 불린다. 현재는 이곳에 통일 전망대가 들어서 있기도 하다.

관미성은 당시 백제가 전진기지로 삼은 요새였다. 임진강과 한강의 합류지점에 위치하고 있어 서해에서 강을 따라 들어오는 모든 배를 관측하고 통제할 수 있는 요충지인 데다가 절벽으로 둘러싸여 있기 때문에 외부의 공격도 거뜬히 막아낼 수 있었다.

광개토왕과 장수들은 머리를 맞대고 의논한 끝에 조수를 이용해 관미성을 공격하는 계책을 마련했다. 그해 10월, 광개토왕은 함대를 이끌고 남쪽으로 내려와 강화도 북쪽 해안에 함대를 숨겼다. 시간이 흘러 밀물때가 되자 함대는 관미성을 공격하기 시작했다. 7개 부대로 나뉘어 성을 포위하고, 한 부대가 육지로 난 성문을 공격하였다.

치열한 공방전이 밤낮으로 이어졌다. 고구려는 이 성을 빼앗아야 했고, 백제는 절대 빼앗기지 말아야 할 곳이었다. 두 나라는 군사, 무기, 전술 등 모든 힘을 기울였지만 결국 승리는 고구려의 몫이었다.

이로부터 백제는 한강의 물길을 이용할 수 없게 되었다. 한강 물길을 이용해 백제의 수도 한성으로 운반되던 지방의 각종 물자가 차단되자 백제는 큰 혼란에 빠졌다.

"우리의 전진기지 관미성을 잃고 있을 수는 없다. 다시 찾아야 한다!".

백제의 진사왕은 몸부림을 치며 통분했다. 남은 군사를 다시 모아 싸움터로 나선 진사왕은 병이 들어 구원이라는 곳에서 세상을 떠나고 말았다. 왕의 가슴을 찢는 아픔 때문이었다.

관산성 전투

"고구려에게 잃은 땅을 찾아야 한다."

관미성 싸움 이후, 백제 사람들의 마음 속에는 고구려에게 빼앗긴 땅을 찾아야 한다는 생각이 가득했다. 게다가 장수왕이 지휘하는 고구려군이 백제의 수도 한성을 점령하고 개로왕을 죽이는 일까지 발생하자 백제 사람들의 적개심은 극에 달했다.

영웅적인 군주로 불리던 백제 제26대 성왕은 한성에서 웅진(공주)로 옮겼던 수도를 다시 사비성(부여)로 옮긴 다음 고구려에게 빼앗긴 땅을 찾기 위해 군사를 이끌었다.

고구려와 백제의 밀고 밀리는 전쟁이 시작되었다. 어느 한 쪽이 쉽게 전세를 쥐기 어려운 싸움이 계속되자 백제 성왕은 신라 진흥왕에게 도움을 요청했다. 백제의 동맹 요청을 받아들인 신라는 군사를 보내 백제와 함께 고구려를 공격했고 백제와 신라의 거센 공격에 밀린 고구려는 수많은 군사를 잃고 551년에 한강 유역에서 물러났다.

백제가 한강 유역의 옛 땅을 찾은 것은 한성이 고구려의 손에 넘어간 지 76년 만의 일이었다.

"이제야 우리 옛 땅을 찾고, 개로왕의 원수도 갚았다!"

백제 사람들은 승리의 축배를 들었지만 기쁨은 오래 가지 못했다. 함께 고구려를 공격했던 신라가 한강 유역을 차지하겠다며 도리어 백제를 공격한 것이었다. 어제의 동맹군이 이제는 적이 된 것이다. 백제는 강한 군사력을 보유한 신라를 당해내지 못하고 한강 유역을 되찾은 지 2년 만인 553년에 한강 유역에서 다시 물러나고 말았다.

참을 수 없는 분노를 느낀 성왕은 백제의 전 군사를 동원해 신라의 관산성을 공격했다. 백제 군사들은 관산성을 포위하고 총 공세를 펼쳤다. 싸움은 몇 달이나 계속되었다.

"의리도 없는 신라를 쳐부수자. 공격하라!"

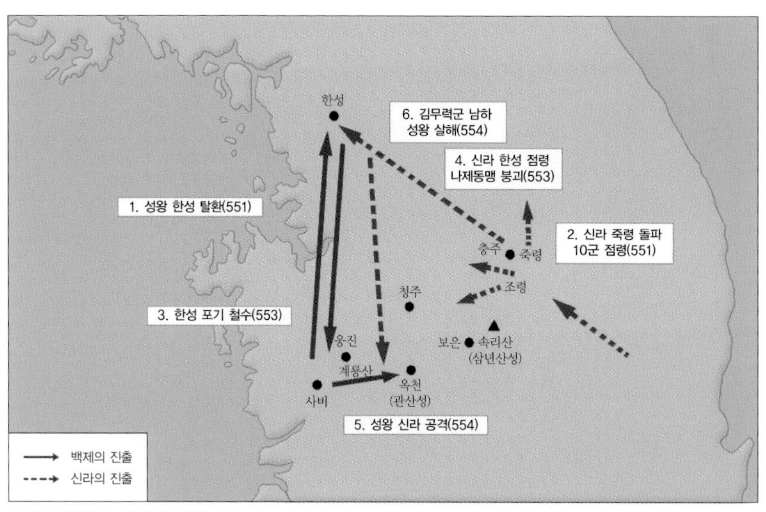

6세기 백제와 신라의 싸움

성왕은 군사들 앞에서 소리치며 사기를 북돋웠다. 그러던 성왕은 기병 50여 명을 거느리고 직접 야간 작전을 펴겠다며 앞장섰다.

"이러지 마옵소서. 대왕께서 앞서시면 적군의 표적이 되옵니다."

군사들이 말렸으나 성왕은 듣지 않았다. 과연 성왕이 작전에 나서자마자 적의 복병이 나타나 집중적으로 화살을 쏘았다.

호위하던 기병들이 성왕을 구하기 위해 애썼지만 신라군의 집중 공격을 당해낼 수 없었다. 기습을 당한 성왕은 안타깝게 목숨을 잃었다.

살수 대첩

살수 대첩은 612년(고구려 영양왕 23)에 고구려 장군 을지문덕이 수나라 임금 양제의 군사 30만 명을 맞아 살수(청천강)에서 크게 무찌른 싸움이다.

수나라 임금 양제가 고구려를 치기 위해 동원한 군사는 113

살수 대첩 기록화

만 3,800명에 달했다. 군사들이 모두 출발하는 데만 40일이 걸릴 정도로 많은 숫자였다. 양제는 이 많은 군사를 직접 거느리고 요동으로 나섰다. 그리고 내호아에게 7만 명의 수군을 주어 먼저 고구려를 공격하도록 하였다. 그러나 바다를 건너가서 평양성을 공격하던 수나라의 수군은 고구려 군대에게 먼저 패배하고 말았다.

양제는 1개 부대를 거느리고 요하를 건너 고구려의 요동성을 포위하였으나 고구려의 저항은 만만치 않았다. 그는 우중문, 우문술을 대장으로 하는 별동대 30만 5,000명을 조직해 단숨에 고구려 평양성을 치도록 명령했다.

고구려군을 지휘하는 을지문덕은 수나라 군사를 평양성 가까이까지 끌어들여 지치게 한 다음 쳐부수자는 작전을 세웠다. 작전대로 고구려군은 수나라 군사와 싸우는 듯 하다가 후퇴를 거듭했다.

"고구려 병사들은 쫓기기만 하는군. 겁쟁이들이야."

유인 작전에 말려든 수나라 별동대 군사들은 고구려 군사의 후퇴하는 모습을 보고 고구려군을 얕잡아 보았다. 그리고 계속 도망가는 고구려 군을 따라 평양성 가까이까지 오게 되었다.

을지문덕은 거짓으로 항복하는 척하며 적진에 들어가 적군의 형편을 살폈다. 수나라 군사들은 평양성 가까이까지 고구려군을 쫓아 진격하느라 많이 지친 모습이 역력했다. 또한 군량과 각종 물자의 부족으로 사기가 떨어져 있었다.

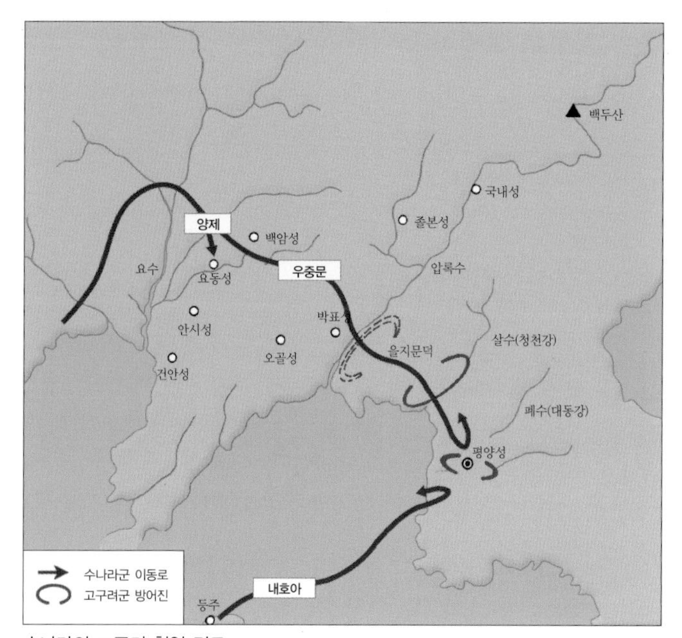

수나라의 고구려 침입 경로

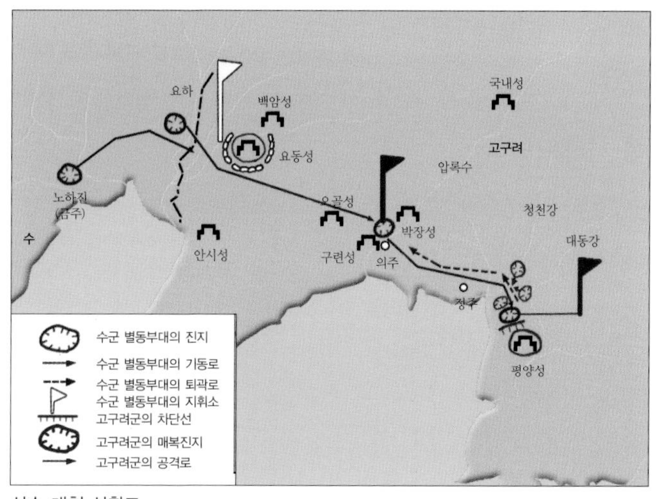

살수 대첩 상황도

적군의 형편을 살피고 온 을지문덕은 적장 우중문에게 시 한 수를 지어 보냈다.

> 그대의 전술은 놀랍네. 그러나 이미 많은 공을 세웠으니 이제는 그만 두는 게 어떨꼬?

이는 곧 적장을 놀리는 내용이었다. 시를 읽은 우중문은 을지문덕의 유인 작전에 당한 것을 알았다.

우중문은 일단 한 발 물러서기로 하고 군사를 되돌릴 준비를 했다. 때는 한여름이었다. 그런데 고구려군을 쫓아 달려올 때와는 달리 고구려군은 강한 저항을 하며 좀체 길을 내어주지 않았다.

을지문덕은 수나라 군사들이 살수를 건널 때 기습 공격하는 작전을 세우고 주변 길목에 군사들을 배치했다. 이윽고 퇴각하던 수나라 군사들이 살수에 다다르자 매복해 있던 고구려군의 공격이 시작되었다.

고구려군의 기습에 갈팡질팡하던 수나라 군사는 아우성을 치며 죽어 갔다. 30만 5,000명의 군사 중 살아남은 자가 겨우 2,700명이었다.

대야성 전투

신라를 공격하다가 성왕이 목숨을 잃게 된 후부터 백제 사람들은 신라에 대한 원한이 더욱 커졌다. 이후 백제는 끈질기게 신라를 공격했다.

642년, 백제의 의자왕은 신라 대야성을 공격하기로 하고 윤충을 대장으로 삼았다. 대야성은 오늘날의 경남 합천 일대로 백제 사비성에서 신라 서라벌을 잇는 요충지였다.

"대야성은 우리 사비성에서 신라 서라벌로 가는 지름길에 있다. 이 요새를 치는 것은 신라의 심장을 찌르는 것과 같다. 성주 김품석은 신라 김춘추의 사위이니 사로잡도록 하라!"

대야성에 이른 윤충은 신라군의 보급과 지원을 막기 위해 대야성으로 흐르는 황강의 수로를 점령한 다음 성을 포위하였다.

성주 김품석은 급히 서라벌로 원군을 요청하려 했으나 이미 성이 포위된 데다가 물길까지 막힌 뒤였다. 그래서 성을 지키기만 할 뿐 성문을 열고 나가 적을 공격하지 못했다.

"신라군은 독안에 든 쥐다. 공격하라!"

윤충이 외치자 백제군의 화살이 빗발처럼 날아들었다. 신라 군사는 죽기를 각오하고 싸웠으나 수많은 백제 군사를 당해낼 도리가 없었다. 게다가 김품석을 배반한 부하 하나가 불을 질러 군량미를 모두 태워 버렸다.

며칠간의 치열한 싸움 끝에 대야성의 성문이 열리고 백제군이 들어왔다. 성주 김품석은 적의 포로가 되지 않기 위해 가족과 함께 자결하였다.

안시성 전투

643년, 당나라 임금 태종은 고구려의 연개소문에게 사신을 보내 신라를 공격하지 말아 달라는 요청을 했다.

그러나 연개소문은 이를 무시하는 대답을 보냈다.

"신라와 전쟁을 하든지 말든지, 우리나라의 일이니 당나라가 간섭하지 마시오."

화가 난 당 태종은 644년 11월에 친히 군사를 거느리고 고구려 원정에 나섰다. 당나라와 접해 있는 안시성을 빼앗고 곧장 고구려의 수도 평양성을 공격할 생각이었다.

645년, 안시성을 포위한 당나라 군사들은 일종의 투석기인 포차와 성벽을 파괴하는 충차 여러 대를 동원해 성을 공격했다. 그러나 고구려군은 무너진 성벽을 재빨리 수리해 당나라의 공격을 물리쳤다.

초조해진 당 태종은 대장 이세적으로 하여금 하루에도 예닐곱 번씩 성의 서쪽을 공격하게 하였다. 그리고 장수 도종에게 성의 남동쪽에 토성을 쌓도록 하였다. 성벽보다 높은 토성을 쌓아 토성에서 안시성을 내려다보고 공격하자는 생각이었다. 고구려 군사들도 안시성을 돋우어서 더 높이 쌓는 작업을 시작했다. 당나라 군사들이 파괴한 성벽은 나무 울타리로 보강해 공격을 막았다.

그러던 중 당나라가 쌓던 토성이 갑자기 무너지는 일이 발생했다. 좋은 기회라고 판단한 고구려군은 이 틈을 타서 성문을 열고 나와 당나라가 쌓던 토성을 점령해 버렸다.

연인원 50만 명을 동원해 여러 날 동안 쌓은 토성이었다. 분개한 당 태종은 토성을 도로 찾기 위해 3일 밤낮으로 공격했지만 뜻을 이루지 못했다.

추위가 시작되고 군량이 바닥나자 당나라 군사들은 더 이상

안시성 전투 기록화

싸울 기력을 잃었다. 당 태종은 안시성을 포위한 지 88일째 되는 645년 9월 18일, 포위를 풀고 돌아가기로 결정했다.

"우리는 수많은 군사만 잃었구나. 고구려군은 끈질기고 성주 양만춘은 훌륭한 지휘관이야. 당나라가 졌다."

고구려 군사와 성주 양만춘의 지략에 감동한 당 태종은 이들을 칭찬해 비단 100필을 두고 떠나기로 했다.

"침략자들아 잘 가거라!"

안시성 성주 양만춘은 성루에 서서 쫓겨 가는 당나라 군사에게 손을 흔들어 주었다.

이 전투에서 양만춘이 쏜 화살에 맞은 당 태종은 외눈박이로 평생을 살았다는 이야기가 전하기도 한다.

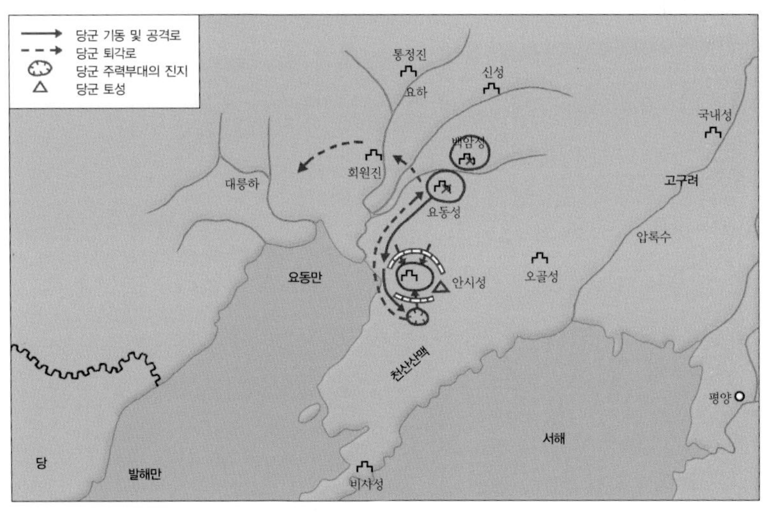

안시성 전투 상황도

황산벌 전투

서기 660년, 신라와 당나라 연합군이 백제를 공격하였다. 바다를 건너온 당나라 군사만도 13만 명에 달했고 신라군도 5만 명이었다. 백제는 이처럼 많은 적군을 막을 만한 힘이 없었다.

더구나 당시 백제 왕인 의자왕은 백성들로부터 원망을 듣고 있는 형편이었다. 처음 왕위에 올랐을 때에는 어진 정치를 펴 신망을 받았지만 점차 사치와 놀이에 빠져 나라 일을 돌보지 않았기 때문이었다. 나라의 안위를 우려한 충신들이 여러 차례 간하였으나 의자왕은 말을 듣지 않았다. 백제는 점점 쇠약해지고 있었다.

이러한 상황에서 신라와 당나라의 군사들이 쳐들어온다는 것을 알게 된 의자왕은 가시방석에 앉은 기분이었다. 그러나 하늘이 무너져도 한 가닥 희망은 있는 법. 어쩔 줄 모르는 의자왕 앞에 나서는 장수가 있었다. 계백이었다.

"나라를 위해 죽을 생각이오니 저를 보내어 적을 막게 해 주십시오."

의자왕은 계백에게 황산벌로 나가 신라군을 막도록 하였다. 황산벌은 오늘의 논산 일대였다. 계백은 목숨을 바쳐 신라와 싸울 생각이었지만 신라와 당나라에게 결국 백제가 멸망할 것을 알고 있었다. 그래서 최정예 결사대 5,000명을 모아 싸우기로 했다. 계백은 먼저 집으로 가서 가족들에게 말했다.

"이번에 신라와 당나라 군사들이 백제를 무너뜨릴 것이다. 그러면 내 가족이 적의 손에 죽거나 노예로 끌려 다니게 된다. 그것은 죽음보다도 못한 일이다. 나도 결사대 5,000명과 나라를 위해 싸우다가 죽겠다."

계백은 자신의 손으로 가족을 모두 죽였다. 가족까지 죽일 만큼 결사적인 각오로 싸움터에 나간 계백과 백제군의 결사대는

황산벌 전투 기록화

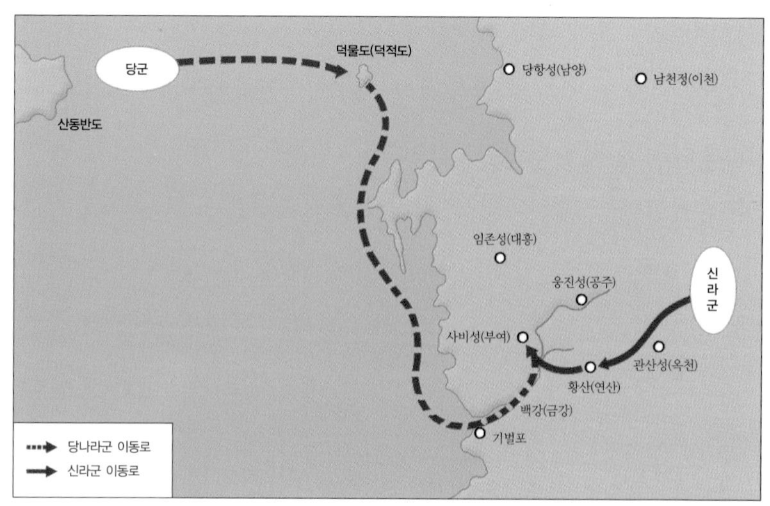

신라와 당나라의 백제 공격

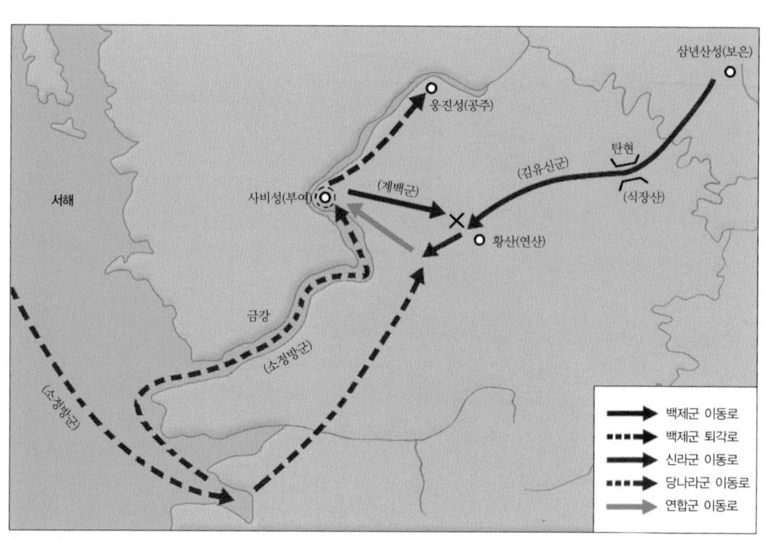

황산벌 전투 상황도

황산벌에서 신라의 김유신이 거느린 대군을 맞았다. 죽음을 각오하고 싸우는 백제군에게 신라군은 거듭 패하기만 했다.

이때에 신라 장군 김흠순의 아들 화랑 반굴이 나서며 말했다.

"우리 화랑은 싸움에서 물러서지 않습니다. 제가 나가서 싸우겠습니다!"

혼자 적진에 뛰어들어간 반굴은 용감히 싸우다가 전사했다. 장군 품일의 아들인 화랑 관창도 두 번이나 적진에 뛰어들어 싸우다 전사했다.

두 화랑의 죽음을 본 신라 군사는 다시 용기를 내어 백제군을 공격했다. 일진일퇴의 공방 끝에 승리는 결국 신라의 몫이었다. 계백의 결사대는 한 사람도 남김없이 싸우다가 나라를 위해 목숨을 바쳤다.

사비성 전투

사비성 전투는 660년 7월에 백제의 수도였던 사비성(현재의 부여)에서 백제군이 신라와 당나라의 연합군을 맞아 마지막으로 벌인 싸움이다.

계백 장군이 이끄는 결사대는 이미 황산벌에서 신라군에게 전멸을 당했고 신라와 당의 연합군은 백제 사비성 코 앞까지 들어와 진을 치고 있었다.

"내가 성충과 흥수의 말을 들을 걸……."

의자왕은 사치와 놀이에 빠져 나라 일을 소홀히 했던 것을 후회했다.

백제군은 바다를 건너온 당나라 군사가 금강을 거슬러 올라오지 못하도록 강폭이 좁은 강경 부근 강바닥에 나무 말뚝을 촘촘히 박고 군사를 배치했다.

이를 알아차린 당나라 장수 소정방은 일부 군사를 배에서 내리게 한 뒤 강가에 진을 쳤다. 다급해진 백제군은 당나라 군사에게 공격을 퍼부었으나 결과는 참담했다. 백제군 수천 명이 목숨을 잃을 정도로 크게 패하고 만 것이다.

금강이 뚫리자 당나라 함대는 물길을 따라 사비성으로 진격했다. 신라군과 당나라 연합군이 사비성을 에워싸고 협공을 시작하자 백제군은 최후의 힘을 모아 저항했으나 5일 동안 백제 군사 1만 명이 목숨을 잃었다.

660년 7월 13일, 백제의 왕자 부여융은 결국 사비성의 문을 열었다. 5일 후에는 웅진으로 피신했던 의자왕이 돌아와 항복하기에 이르렀다. 이리하여 백제는 나라를 잃고 의자왕과 백성 1만 3,000여 명이 당나라에 볼모로 잡혀갔다. 백제의 옛 땅은 통곡 소리에 묻히며 신라의 영토가 되었다.

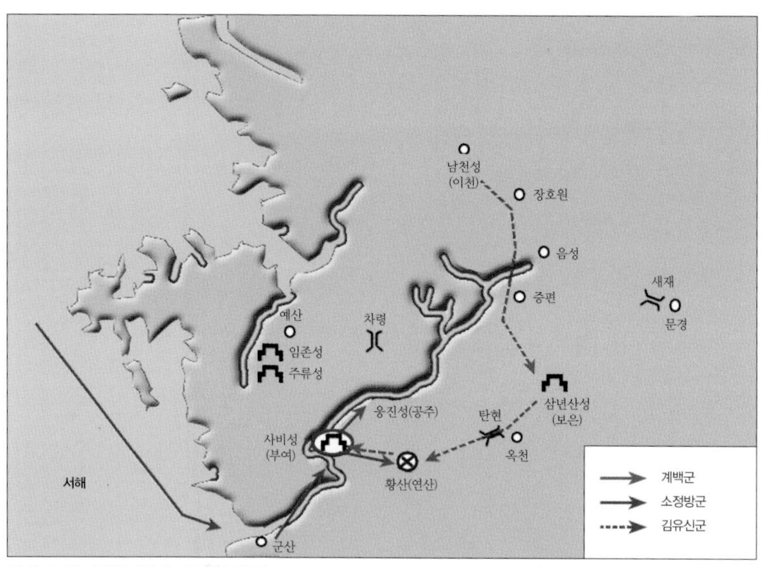

신라와 당나라의 백제 사비성 공격

백강구 전투

660년 7월, 백제가 멸망하자 바다 건너 일본에 머물던 백제 왕자 부여풍은 왜왕에게 도움을 청했다.

"백제가 신라와 당나라의 침입으로 멸망하고 말았습니다. 다시 나라를 일으키도록 군사 지원을 해 주십시오."

"지금까지는 백제가 우리를 도와주었지요. 이제 우리가 그 은혜를 갚겠습니다."

왜왕은 백제를 돕기 위해 나섰다. 이듬해에 일본은 부여풍에게 일단 군사 5,000명을 주어 옛 백제 땅으로 보냈다. 그리고 본격적으로 백제를 돕기 위해 여러 군수물자를 정비하고 군량을 준비했다.

백제의 옛 영토로 돌아온 부여풍은 주류성을 근거지로 삼고 백제 부흥 운동을 폈다. 부하들에 의해 백제 풍왕으로 추대되며 기반을 다지고 신라와 당을 상대로 산발적인 싸움을 계속하였다.

드디어 663년 3월, 2만 7,000명의 왜군이 사비성을 향해 출항했다. 한편 왜군이 백제를 다시 일으키기 위해 몰려온다는 정보를 입수한 신라는 왜군이 상륙할 만한 곳에 군사를 배치하여 엄중히 경계하고 있었다.

왜군이 바다를 통해 사비성으로 가기 위해서는 금강 하구를 지나야만 했다. 이 점을 파악한 당나라 장수 유인궤는 사비성 인근에 정박시켜 둔 군함 170척을 이끌고 금강 하구로 내려가 왜군의 전함이 다가오기만을 기다렸다.

이 사실을 모르고 금강을 거쳐 사비성으로 향하려던 왜군은 금강 하구에서 당나라와 신라의 포위망에 걸려들고 말았다. 마침 바다 쪽으로 강한 바람이 불었고 이에 맞추어 쏜 당나라 군대의 불화살에 왜선이 순식간에 불타올랐다. 좌우에서 정신없이 날아드는 화살에 왜군은 제대로 된 반격을 해보지도 못한 채 물에 빠지거나 화살에 맞아 죽었다.

백제를 다시 세우기 위해 온 왜군들은 큰 패배를 당하고 물러섰다.

평양성 전투[2]

665년 고구려의 막리지 벼슬에 있던 연개소문이 죽자 나라의 권력을 두고 다툼이 일어났다. 처음에는 연개소문의 맏아들 남생이 아버지를 이어 막리지에 올라 왕을 돕고 나라를 다스렸다. 그런데 남생이 지방을 시찰하러 나가면서 아우인 남건과 남산에게 잠시 정권을 맡기자 전부터 권력을 노리던 남건이 남생의 아들 헌충을 죽이고 스스로 막리지가 되었다. 그리고 군사를 거느리고 형을 공격하러 나섰다.

큰 위협을 느낀 남생은 당나라에 구원을 요청했다. 호시탐탐 고구려를 노리던 당나라는 '마침 잘 되었다' 고 생각하며 남생에게 벼슬을 주어 고구려를 공격하는 선봉에 서도록 했다.

한편 연개소문의 동생 연정토는 나라가 망할 조짐이 온 것을 깨닫고 자기가 거느린 백성과 가족을 데리고 신라에 귀순하였다.

'고구려를 칠 기회가 왔다. 삼국통일의 기회다!'

튼튼한 나라로만 알았던 고구려가 혼란에 휩싸이자 삼국을 통일하려던 신라와 고구려의 영토를 노리던 당나라는 공격 채비를 서둘렀다.

당나라 임금 고종은 이적과 설인귀 등에게 50만 명의 군사를 주고 남생을 앞잡이로 삼아 고구려 수도 평양으로 진격하게 하였다. 한편 신라 문무왕은 김인문에게 20만 명의 군사를 주어 고구려를 공격하도록 하였다.

668년(고구려 보장왕 27) 9월, 거침없이 진격한 신라와 당의 연합군이 평양성을 포위하고 5일간 맹렬한 공격을 퍼부었다.

성이 포위된 상황에서 고구려군 수뇌부가 신라와 당의 사주

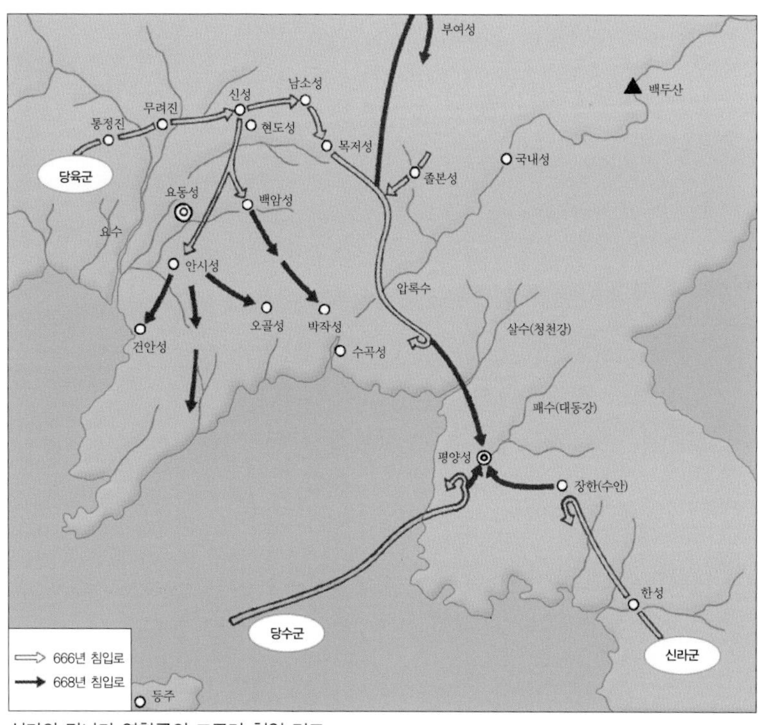

신라와 당나라 연합군의 고구려 침입 경로

를 받고 성문을 열었다. 신라 기병 500명이 먼저 성안으로 뛰어들어 길을 터놓자 당나라 군사들이 한꺼번에 몰려들었다. 고구려는 이렇게 역사 속으로 사라졌다.

고구려의 패망은 지도자 형제의 불화 때문이었다. 당나라는 보장왕과 남건을 사로잡아 갔고 2만 8,200호의 백성을 당나라로 이주시켰다. 고구려 멸망으로 우리 역사는 만주 땅을 잃게 되었으니 그 아픔이 지금까지 전해지고 있다.

대동강 전투*

신라와 연합하여 백제와 고구려를 멸망시킨 당나라는 한반도에서 물러가지 않고 계속 영향력을 행사하려고 했다. 정벌한 지역을 다스리는 관청인 도독부를 옛 백제와 고구려 땅에 설치하여 한반도의 지배권을 차지하고자 한 것이다.

게다가 663년에는 신라를 '계림주대도독부'로 하고 문무왕을 '계림주대도독'에 임명하는 등 신라마저 차지하려는 계략을 드러냈다.

이리하여 당나라 군사를 빨리 본국으로 되돌려 보내려는 신라와 계속 머물러 있으려는 당나라 사이에 전쟁이 벌어졌는데 이것이 나당 전쟁이다.

나당 전쟁 당시 당나라 군사는 바다를 통해 본국에서 전달되어 오는 보급품을 받기 쉬운 곳에서 활동하였다. 그런데 신라군은 보급을 내리는 장소가 될 만한 하구를 막고 있었다.

671년 9월, 신라군의 정보망에 당나라 장수 고간이 4만 명의 병사를 이끌고 평양에 와 전진기지를 만들 것이라는 정보가 입수되었다. 신라군은 평양으로 배가 드나드는 대동강과 재령강이 만나는 하구의 경계를 한층 강화했다. 과연 10월이 되자 전쟁 물자를 가득 실은 70여 척의 당나라 보급선과 이를 호위하는 군함들이 나타났다.

기다리고 있던 신라군은 강으로 들어가는 당나라 함대를 공격하기 시작했다.

"쏘아라!"

신호와 함께 불화살이 날았다. 때마침 북풍이 불고 있었으므

대동강의 일제 강점기 때 모습

로 화공으로 공격하기가 좋았다. 덩치가 크고 움직임이 둔한 70여 척의 보급선에 일제히 불이 붙기 시작했다.

당나라 역시 즉각 반격을 가했지만 숨어서 불화살만 날리는 신라 군사를 찾지 못해 산만한 공격이 되고 있었다.

불붙은 배는 기울어지면서 바다 속으로 침몰했다. 배를 버리고 육지로 도망치는 군사들에게도 어김없이 화살이 날아들었다. 당나라의 보급선들은 대동강 하구 깊은 곳에 가라앉았고 수많은 당나라 수군도 같이 수장되었다.

* 이 전투는 예성강 하구에서 벌어졌다는 설도 있고 금강 하구에서 벌어졌다는 설도 있다.

매소성 전투

신라와 당나라는 이후에도 여러 곳에서 전투를 벌였다. 그중 대표적인 전투가 675년 매소성에서 벌어진 전투다. 매소성(매초성이라고도 함)은 지금의 경기도 양주에 있던 성으로 당나라 장수 이근행이 이곳을 점령하고 20만 명 가량의 군사를 주둔시키고 있었다. 삼국 통일 전까지만 해도 신라 땅이었던 한강 유역을 당나라가 차지하려는 욕심이었다.

"욕심쟁이 당나라를 쫓아내자!"

신라는 김유신의 아들인 화랑 원술을 필두로 하여 세 차례나 매소성을 공격하였으나 워낙 많은 수의 당나라 군사를 이겨내지 못하고 번번히 물러날 수밖에 없었다. 거듭되는 패배에 신라 장수들이 모여 뾰족한 수를 고민하던 중 한 가지 계략을 마련하게 되었다.

"20만 명의 대군을 상대로 싸우려면 일단 보급로부터 차단하는 것이 좋겠어."

당시 당나라 군사는 군량과 물자를 모두 본국에서 공급받았다. 배에 싣고 서해를 건너 강을 따라 내륙의 군사들에게 전달하는 방식이었다. 매소성을 점령하고 있던 당나라 군사의 경우 임진강을 통해 보급을 받고 있었다. 이를 간파한 신라는 임진강 하구에 함대를 집결시켜 놓고 당나라 보급선이 들어오기만을 기다렸다.

드디어 675년 9월이 되자 밀물을 타고 당나라 설인귀의 보급 함대가 임진강 하구로 밀려들었다. 군량과 전쟁 물자를 그득그득 실은 보급선과 호위를 위한 전함이 뒤섞인 함대였다.

신라가 길목을 막고 있으리라 예상하지 못한 당나라 함대는 신라군의 기습에 서둘러 전투 대형을 갖추었다. 그러나 이미 신

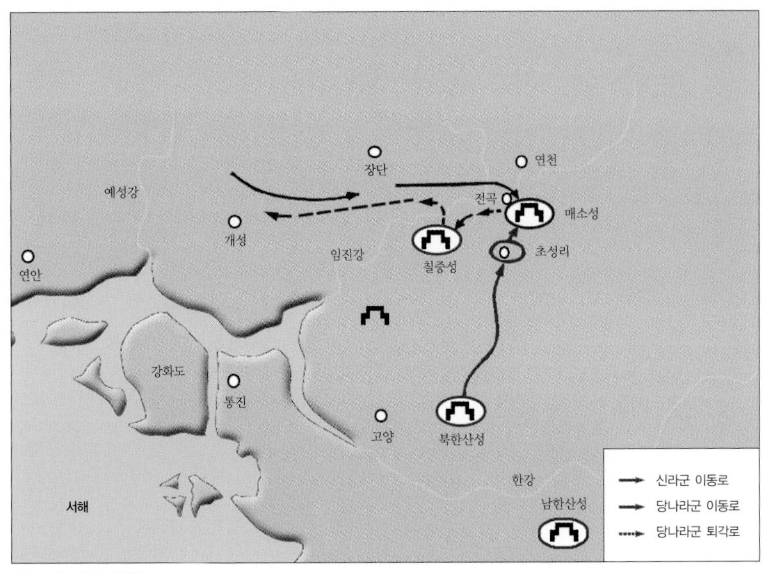

매소성 전투 상황도

라군에게 치명적인 기습을 당한 뒤였다. 당나라 함대의 공격은 갈팡질팡했고 그 사이 당나라의 보급선 수십 척이 바다에 침몰했다.

신라군은 당나라의 보급선을 침몰시켰다는 전갈을 받자마자 다시 매소성 공격에 나섰다. 공격 선봉에 선 이는 역시 원술이었다. 당나라 군사들은 격렬히 대항하였으나 보급이 끊어졌다는 소식이 전해지자 서서히 사기가 떨어졌고 결국 승리는 신라의 몫이 되고 말았다.

매소성 싸움에서 신라는 큰 승리를 거두었다. 당나라 군사들에게 빼앗은 말만 해도 3만 필이 넘을 정도였다고 전해진다.

천문령 전투

신라와 당나라의 연합군에 고구려가 무너지자 고구려 유민들은 다시 나라를 일으키기 위해 끊임없는 투쟁을 벌였다. 일부는 남쪽으로 피신, 신라와 연합하여 당나라 세력을 한반도에서 축출하는 데 기여하였고 요하 서쪽으로 끌려갔던 유민들은 696년에 원주민 및 말갈족들과 연합하여 폭동을 일으켰다. 뿐만 아니라 요동 일대의 고구려 유민들은 고구려 부흥을 꾀하는 움직임을 보이기도 하였다.

발해를 건국한 대조영도 요하 서쪽으로 끌려간 고구려 유민 중 하나였다. 대조영은 거란의 추장 이진충이 반란을 일으켜 당나라가 큰 혼란에 휩싸인 즈음 말갈족의 추장 걸사비우를 만났다.

"지금대로라면 우리는 당나라의 노예가 될 것이 뻔합니다. 이 기회에 고구려의 옛 땅으로 가서 나라를 세웁시다."

"당나라가 그냥 두지 않을 텐데요."

"우리도 충분히 싸울 준비를 하면 됩니다. 당나라도 우리를 쉽게 막지 못할 겁니다."

두 사람은 고구려 유민과 말갈족 무리를 이끌고 고구려의 옛 땅으로 돌아가기로 했다. 고구려의 옛 땅에 새 나라를 세우는 것이 목적이었다. 고구려 유민과 말갈족 무리는 수천 명씩 무리를 지어 여러 날에 걸쳐 몰래 떠났다.

당나라도 이 사실을 알고는 있었지만 이진충의 반란을 진압하느라 재빨리 막지 못했다. 그러다 이진충의 난이 끝나자 부랴부랴 대책을 세워 이들을 추격했다. 당나라에 투항한 거란의 장수 이해고에게 많은 군사를 주어 뒤쫓게 한 것이다.

대조영 일행은 빠른 속도로 뒤쫓아온 이해고의 군사들과 결

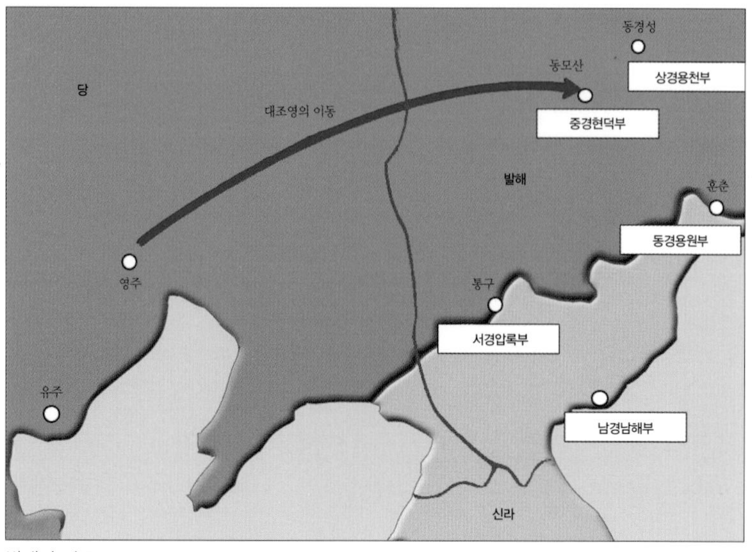

발해의 건국

전을 벌이게 되었다. 무기와 힘에서 밀리는 고구려, 말갈 연합군은 이해고의 정예군에게 크게 패배하였을 뿐만 아니라 말갈의 추장 걸사비우까지 목숨을 잃었다.

대조영은 부하들을 추슬러 모아 적을 유인하였다. 초반 승리에 취한 이해고는 대조영을 잡는 데 혈안이 되어 좌우 살피지 않고 추격했다. 대조영의 군사가 이해고의 군사들을 이끌고 다니는 동안 고구려와 말갈의 연합군은 천문령(현재 길림성 돈화시) 요새에 매복했고, 이 사실을 모르는 이해고의 군사들은 천문령에서 역습을 당해 큰 피해를 입을 수밖에 없었다.

수많은 당나라 군사들이 천문령에서 목숨을 잃었다. 살아남은 이들은 흩어져 달아났고 이해고도 목숨만 살아 돌아갔다고 한다. 승리를 거둔 대조영은 옛 고구려 땅인 동모산에 발해국을 세우고 왕위에 올랐다.

주요 인물

계백(階伯, ?~660)

백제의 장군. 660년 신라와 당나라의 연합군이 백제를 공격해 오자 5,000명의 결사대를 모아 황산벌에서 신라의 5만 명 대군과 전투를 벌였다. 전투에 나가기 앞서 백제가 패배할 것을 짐작하고 가족이 노비가 되는 것보다 죽는 것이 낫다는 생각으로 가족을 모두 죽였다. 결사적인 각오로 전투에 임해 신라 군사를 몰아붙였지만 신라 화랑들의 활약으로 백제가 패배하고 계백 장군도 전사했다.

고국원왕(故國原王, ?~371)

고구려 제16대 왕. 미천왕의 아들. 수도를 환도성으로 옮기고 국내성을 쌓았으며 평양성을 증축했다. 연나라 왕 모용황에게 아버지 미천왕의 시체를 빼앗기고 어머니와 왕비를 납치당하는 등 온갖 수난을 겪기도 했다. 369년 2만 명의 군사를 동원해 백제를 공격했으나 패하고 371년에 평양성에서 백제의 근초고왕과 싸우던 중 전사하였다.

관창(官昌, 645~660)

신라의 화랑. 좌장군 품일의 아들. 16세에 아버지를 따라 황산벌 전투에 참가했다. 백제 결사대 앞에서 패하기만 하는 신라군을 보며 살아서 돌아오지 않을 것을 맹세하고 말을 달려 적진에 뛰어들었으나 이내 백제군에게 사로잡혀 계백 장군 앞에 끌려갔다. 계백은 어린 나이에도 굽히지 않는 관창의 용기에 감동하여 죽이지 않고 신라 진영으로 되돌려보냈다.

생포된 관창의 애국정신에 감동하는 계백장군

그러나 관창은 살아서 돌아온

것이 부끄럽다며 다시 적진에 뛰어들어 싸우다가 붙잡혀 다시 계백 앞에 끌려갔다. 계백은 관창의 충성심에 감탄했지만 목을 베어 말안장에 맨 후 신라 진영으로 돌려보냈다. 이 광경을 본 신라군은 관창의 죽음을 헛되이 하지 않겠다는 생각으로 싸워 백제군을 무찔렀다.

신라 무열왕은 관창의 용기를 칭찬하여 벼슬을 내리고 예를 갖추어 장사지냈다.

광개토왕(廣開土王, 374~413)

고구려 제19대 왕. 고국양왕의 아들. '영락'이라는 연호를 써 영락대왕이라고 불리기도 하였다. 재위 기간 동안 고구려의 영토와 세력을 크게 확장시켰다. 백제를 공격해 한강 이북과 예성강 동쪽의 땅을 차지하였고 신라에 지원군을 보내 왜구를 소탕하기도 했다. 동예를 멸망시키고 연나라를 공격하는 등 고구려가 남으로는 한강, 서로는 요동 땅을 차지한 만주의 주인공이 되도록 하였다.

광개토대왕릉비

근초고왕(近肖古王, ?~375)

백제 제13대 왕. 비류왕의 둘째 아들. 369년경에 마한과 대방을 병합했으며, 고구려의 평양성을 공격해 백제의 영토를 넓혔다. 근초고왕의 백제는 현재의 황해도, 강원도의 일부와 경기도, 충청도, 전라도 전체를 국토로 하는 강한 나라가 되었다. 또한 중국의 동진과 국교를 수립하고 아직기, 왕인을 일본에 보내는 등 국제 교류에도 힘썼다. 고흥에게 백제의 역사책 『서기(書記)』를 집필하도록 하였다.

동천왕(東川王, 209~248)

고구려 제11대 왕. 산상왕의 아들. 중국이 오, 촉, 위로 나뉘자 처음에는 위의 편을 들었으나 요동을 둘러싼 문제로 위와 대립하게 되었다. 242년 위나라 관구검의 침입으로 수도 환도성을 내주고 남옥저로 피난하는 위기를 맞았지만 용감한 장수 밀우와 유유의 계책으로 적을 격퇴했다. 247년, 전란으로 복구할 수 없을 만큼 파괴된 환도성을 뒤로 하고 잠시 수도를 평양성(平壤城, 지금의 평안북도 강계 부근으로 추정)으로 옮겼다.

반굴(盤屈, ?~660)

신라의 화랑. 김유신의 조카. 황산벌 전투에서 물러서지 않는 화랑 정신을 보이며 적진에 뛰어들어 싸우다가 죽었다.

성왕(聖王, ?~554)

백제 제26대 왕. 무령왕의 아들. 무령왕과 함께 백제의 영웅적인 군주로 일컬어진다. 중국 양나라와 국교를 수립하고 일본에 불교를 전했으며 웅진(공주)에서 사비성(부여)으로 도읍을 옮겼다.

신라와 동맹을 맺고 고구려의 군사를 물리쳐 76년 동안 고구려에게 빼앗겼던 한강 유역의 땅을 되찾았다. 그러나 신라가 고구려로부터 찾은 땅을 빼앗자 왕자 여창(훗날의 위덕왕)과 함께 신라의 관산성을 공격하다가 전사하였다.

성충 영정

성충(成忠, ?~656)

백제 말기의 충신. 계백, 흥수와 더불어 백제의 세 충신으로 불린다. 의자왕이 사치와 방탕에 빠져 나라 일을 돌보지 않자 좌평으로 벼슬에 있으며 왕에게 충고의 말을 하였다. 의자왕은 그를 미워해 옥에 가두었고 성충은 옥중에서도 나라를 위한 유언을 남기고 죽었다.

원술(元述, ?~?)

신라의 장군. 김유신의 둘째 아들. 삼국 통일 후 672년 석문 전투에 장수로 나가 싸웠으나 크게 패했다. 아버지 김유신은 싸움에서 패하고 돌아온 아들을 죽여줄 것을 왕에게 청하였으나 문무왕이 허락하지 않았다.

원술은 '싸움에 나가 물러서지 않는다'는 집안의 교훈을 더럽힌 사실을 부끄러워하며 살았다. 아버지가 세상을 떠난 뒤 어머니에게 용서를 빌었으나 어머니는 원술을 만나주지 않았다.

675년 매소성 싸움에 대장으로 나가 당나라를 무찌르는 공을 세웠다. 문무왕은 원술의 승리를 크게 칭송했으나 어머니는 여전히 아들을 용서하지 않았다. 세상을 비관한 원술은 벼슬도 단념하고 남은 일생을 숨어서 살았다.

진사왕(辰斯王, ?~392)

백제 제16대 왕. 근구수왕의 둘째 아들이자 침류왕의 동생. 여러 차례 고구려와 싸웠으나 이기지 못하다가 서기 390년 달솔과 진가모에게 고구려를 공격하게 하여 도곤성을 빼앗았다. 392년 고구려 광개토왕의 침입으로 많은 땅을 빼앗겼는데 이에 반격하고자 군사를 모아 나서는 길에 병으로 세상을 떠났다.

진흥왕(眞興王, 534~576)

마운령 진흥왕 순수비

신라 제24대 왕. 성은 김씨. 6세에 왕이 되었고 태후 법흥왕비가 섭정을 했다.

처음에는 백제와 화친하는 정책을 폈다. 그러나 553년 백제와 함께 고구려로부터 빼앗은 한강 유역의 땅을 백제에게서 모두 빼앗았으며 554년에는 관산성을 공격해 온 백제군을 물리쳤다. 561년 이사부를 시켜 가야를 평정하였고 북한산, 창녕 등 새로 개척한 땅에 순수비를 세웠다.

팔관회를 연 왕으로도 유명하며 황룡사를 축조하기도 했다. 화랑제도를 처음 실시한 왕으로 신라가 삼국 중에서 문화적, 군사적 최강국이 될 바탕을 마련하였다.

흥수 영정

흥수(興首, ?~?)

백제 말기 의자왕의 신하. 의자왕이 사치에 빠져 나라 일을 돌보지 않자 성충과 함께 의자왕을 타이르다가 귀양을 갔다. 신라와 당나라 군사가 쳐들어올 것이라는 말을 듣고 의자왕이 대책을 물었을 때 당나라 군사는 백강(금강)을 건너지 못하게 하고 신라 군사는 탄현을 넘지 못하도록 하는 방안을 냈으나 의자왕은 그의 말을 듣지 않았다.

무기

| 공성 무기 |

임충

단단한 나무로 몸체를 짜고 바퀴를 달아 뒤쪽에서 밀 수 있게 만든 무기. 공성전 때 성 밑에 접근시켜서 몸체 중심에 달린 공이를 성벽에 끼운 후 지렛대처럼 이용해 성을 무너뜨리는 무기다. 초기에는 굵은 나무의 끝을 뾰족하게 만들어 성문 등에 충격을 가하였던 것으로 여겨진다. 중국 춘추전국시대에 만들어진 무기로 『삼국사기』에 이것을 사용한 사실이 기록되어 있다. 임진왜란 당시 진주성 전투에 사용하였다는 기록도 있다.

충차

성의 문이나 벽을 공격하는 무기. 『삼국사기』, 『고려사』 등에 충차를 사용한 기록이 있지만 전해지는 유물이 없어 정확한 형태를 알기 어렵다. 중국에서는 춘추전국시대부터 사용하였는데 가죽과 같은 것으로 둘러싼 공성탑의 형태다.

포차

나무의 탄력성을 이용하여 무거운 돌 등을 성 안으로 던져 공격하는 무기. 661년(신라 태종무열왕 8)에 고구려 장군 뇌음신이 신라의 북한산성을 공격할 때 포차로 돌을 쏘았다는 기록이 전한다. 포차에 대한 자세한 설명이나 그림이 남아 있지 않아 자세한 구조를 알 수는 없지만 중국의 포차를 보면 수레 위에 나무로 기둥을 세우고 가로놓인 축에 긴 장대를 꿰어 장대가 위아래로 돌아갈 수 있도록 만들었다.
초기 대형 총통의 발사물이 둥근 돌이었던 점으로 미루어보면 포차는 총통이 개발되기 전에 사용했던 포砲의 일종이라 할 수 있다.

| 끌형무기 |

끌형무기는 적의 목이나 팔, 다리 등을 걸어 당겨 살상하는 무기다. 육박전에서 중요한 역할을 하였다.

미늘쇠(가지극)

직사각형의 몸체에 가지가 양쪽으로 삐죽 나오고 끝 부분은 자루에 끼울 수 있게 만든 무기. 고대 우리나라에서 독창적으로 개발한

무기다. 뒤쪽을 향한 갈고리로 기병을 말에서 끌어내리는 데 사용하였을 것으로 추정된다. 신라와 가야의 여러 고분에서 많이 출토된다.

쇠갈고리

적을 쉽게 끌어내릴 수 있도록 한 철제 갈고리.

쇠낫

날이 둥글게 휘어진 칼. 자루를 끼웠을 때 ㄱ자 형태를 이룬다.

| 장애물 |

마름쇠

기마병이나 보병의 진로를 방해하는 장애물. 뾰족한 날이 네 개 혹은 그 이상 나와 있는 형태다. 적이 오는 길목에 그대로 뿌리거나 줄에 매달아 설치하기도 한다.

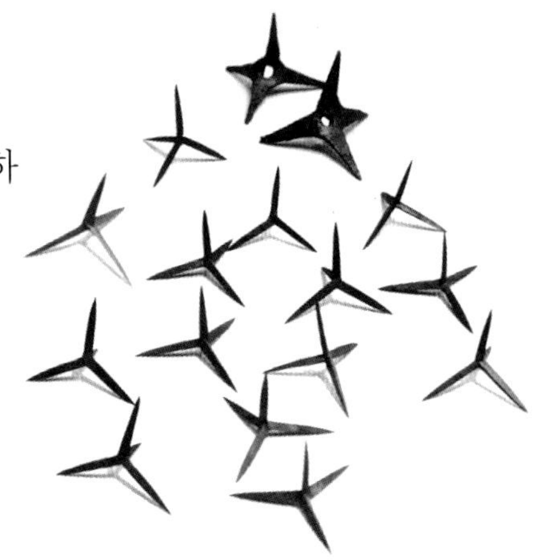

| 창 |

가지창

창날이 두 갈래 혹은 세 갈래로 갈라진 창. 창날이 산山자 모양인 삼지창이 많다. 끝 부분에 부착된 여러 개의 예리한 창날로 적을 찌르기 때문에 살상 효과가 클 뿐 아니라 창날이 넓게 퍼져 있어서 적의 공격을 방어하기 쉽다. 또한 기병과 싸울 때에는 가지로 상대방을 걸어 넘어뜨릴 수도 있다.

물고기를 잡는 작살에서 유래하였다는 설이 있는데 수확한 곡물 다발을 정리하거나 탈곡할 때 사용하는 농기구와 형태가 비슷한 것으로 미루어 도끼나 낫과 같이 농기구가 유사시에 무기로 전환된 것이라 생각되기도 한다.

고대 고구려 영토였던 중국 집안현과 백제, 신라, 가야의 영토였던 지역에서도 유물이 출토되는 것으로 볼 때 삼국 시대에 널리 활용되었으리라 생각된다. 중국은 당나라 때부터 군대에서 사용하였고 가장 많이 사용한 것은 명나라 이후부터다.

| 칼 |

곡도

날이 바깥으로 휘어진 칼. 4세기 무렵 등장하였으며 긴 자루에 부착해 사용하였다. 쇠낫과 비슷한 형태지만 날이 반대편에 위치한 것이 특징이다. 상당히 위협적인 무기로 5세기 무렵에는 뿌리를 자루에 박아 쓰는 곡도자 형태로 크기가 줄어들었다.

도자

휴대할 수 있도록 작게 만들어진 칼. 주로 호신용으로 사용하였다. 삼국 시대 신라 고분에서 출토된 허리띠에 달려 있던 것으로

이후 허리띠가 점차 사라지면서 독립적으로 휴대하게 된 것으로 보인다. 발견되는 유물로 미루어 볼 때 삼국 시대에는 철도자, 청동도자, 금은장도자 등 다양한 도자가 사용되었다.

환두대도

몸체가 길고 손잡이를 둥근 고리로 장식한 칼. 3세기 후반 이후부터 기본적인 무기로 사용하였다. 손잡이 부분의 고리는 천을 이용해 손목에 감기 위한 것인데 전투 중에 실수로 칼을 놓쳐도 땅에 떨어지는 것을 막을 수 있게 고안된 장치이다. 전투에서뿐만 아니라 칼집과 칼자루를 금, 은, 금동 등으로 화려하게 장식하여 신분이나 위용을 나타내는 의장품으로 사용하기도 했다.

| 활 |

각궁

고대부터 우리나라에서 전통적으로 사용해 온 활. 물소 뿔로 만들었기에 각궁角弓이라 한다. 언제부터 사용하기 시작하였는지 정확히 알 수는 없지만 『우부강표전』에 오나라 손권 때 고구려에서 사신을 보내고 각궁을 바쳤다는 기록이 있는 것으로 미루어 고구려 산상왕 무렵에 이미 사용하였음을 알 수 있다. 당시 각궁의 유물이 전해지지 않아 정확한 형태는 알 수 없지만 고구려의 각궁이 조선 시대까지 명맥을 유지하여 조선 활의 기본이 되었으므로 조선의 각궁을 통해 고구려의 각궁을 미루어 짐작할 수 있다.

각궁을 다루는 모습

노(쇠뇌)

전통 활에 받침목을 대어 안정도를 높인 기계식 활. 화살을 시위에 걸고 방아쇠를 당겨 화살을 발사하는 방식이다. 정확성과 위력이 매우 뛰어나며 숙련자가 아니더라도 쉽게 사용할 수 있고 엄폐된 곳의 작은 구멍을 통해서도 사격이 가능하여 널리 보급되었다. 하지만 발사 속도가 전통 활에 비해 느려서 활과 함께 쓰였다.

노의 금속 부품인 '아'

강노
한 번에 화살 여러 개를 쏠 수 있는 노.

궐장노
발을 이용해서 장전하는 방식의 노.

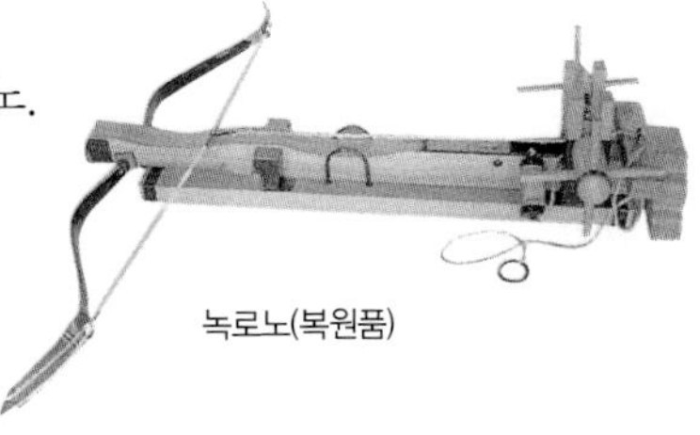
궐장노(복원품)

녹로노
도르래를 이용하여 시위를 당기는 대형 노.

포노
성에 고정시켜 수성전에 쓴 노.

녹로노(복원품)

노를 다루는 모습

방어구

| 갑옷 |

적의 공격으로부터 신체를 보호하기 위한 옷. 투구와 함께 착용하는 것이 기본이며 목가리개, 팔뚝가리개, 어깨가리개 등 여러 부속구가 있다. 문명이 발달하면서 짐승 가죽, 뼈, 나무, 금속 등 다양한 재료로 제작하였다.
만드는 방법에 따라 판갑옷과 비늘갑옷 등으로 나눌 수 있다. 판갑옷은 몇 개의 철판을 몸에 맞도록 세모 또는 네모 모양으로 오린 뒤 쇠못이나 가죽 끈으로 연결하여 만든 것이다. 단단하여 방호에는 우수하였지만 활동하기에는 무겁고 불편하였다. 비늘갑옷은 작은 쇳조각을 이어붙여 만든 갑옷으로 비교적 활동이 편해 주로 말을 타는 군인들이 입었다.

골갑

뼛조각을 이어 만든 갑옷. 백제 지역이었던 몽촌토성에서 출토된 것으로 미루어 삼국 시대 때 사용되었음을 알 수 있다. 뼈로 갑옷을 만드는 것은 우리나라 뿐 아니라 중국에서도 있었지만 철제 무기가 발달하면서 사라진 것으로 보인다.

미늘갑

작은 철판을 가죽 끈으로 엮어 만든 갑옷. 고구려 쌍영총과 삼실총 벽화에 미늘갑옷을 입은 무사의 모습이 보이고 4세기 전반의 무덤에서 갑옷 조각이 출토된 것으로 미루어 삼국 중 고구려가 가장 먼저 착용한 것으로 추정된다.

백제 지역에서는 부소산성, 함평 신덕고분, 미사리 등에서 유물이 출토되었다. 가야와 신라 지역에서는 4세기 무렵의 미늘갑옷이 출토되었다.

삼각판갑

가로로 긴 철판 사이에 삼각형의 철판을 이어 만든 갑옷. 상하 7단으로 형식이 통일되어 있다. 5세기에 종장판갑옷, 장방판갑옷, 횡장판갑옷과 함께 만들어진 갑옷이다. 김해를 비롯하여 합천, 함안, 함양 등 가야의 전지역에서 확인되고 있다. 백제의 영토였던 청주에서도 출토되었다.

장방판갑

삼각판갑옷과 마찬가지로 상하 7단으로 구성되어 있으며, 가로로 긴 철판 사이에 세로로 긴 형태의 철판을 가죽끈으로 이어 만들었다. 일본에서는 출토된 예가 많으나 우리나라에서는 김해 두곡과 부산 연산동에서만 출토되었다.

종장판갑

세로로 긴 형태의 철판을 가죽으로 엮거나 납작한 못으로 고정하여 만든 갑옷. 철로 만든 갑옷 중 가장 이른 시기인 4세기 초에 등장한 갑옷이다. 백제나 고구려, 일본과 중국 등지에서는 출토되지 않고 김해, 부산, 경주, 울산 등지에서만 출토되고 있다. 가야와 신라의 독특한 갑옷문화를 보여준다.

횡장판갑

가로로 긴 형태의 철판을 이용하여 만든 갑옷. 인체의 곡률에 맞추어 철판을 알맞게 구부려야 하기 때문에 다른 판갑옷에 비해 고도의 철 다루는 기술이 요구된다. 따라서 여러 가지 판갑옷 가운데 가장 늦게 등장하였다. 가야의 영토였던 합천과 고령에서 출토되었고 백제의 영토였던 전남 장성과 충북 음성 등에서도 발견되었다.

| 투구 |

적의 화살이나 칼날로부터 머리를 보호하기 위해 착용하던 쇠로 만든 모자. 오늘날의 철모와 같은 구실을 한다. 갑옷과 함께 착용하였으며 갑옷과 투구를 합쳐서 '갑주' 라 한다.

소찰주

작은 철조각을 이어붙여 만든 투구. 고구려 고분벽화에 비늘갑옷과 함께 나타나며 가야지역 서남부에서 주로 출토된다.

종장판주

여러 매의 좁고 긴 철판을 가죽끈이나 못으로 연결하여 만든 투구. 신라와 가야의 가장 대표적인 투구로 북방계 갑옷문화의 영향을 받았다.

만곡종장판주

반구형의 투구. 종장판주와 비슷하지만 철판이 S자형으로 휘어져 있다. 점차 투구의 몸체를 구성하는 철판의 수가 많아지는 방향으로 발전하였다.

차양주

앞쪽에 챙이 붙은 투구. 오늘날의 야구모자와 비슷한 형태로 우리나라에서는 드물고 일본에서 많이 출토된다. 일본의 영향을 받은 것으로 추측하기도 한다.

충각부주

투구 윗쪽에서 앞쪽으로 튀어나오듯이 각이 진 모양의 투구. 차양주와 마찬가지로 우리나라에서는 드물고 일본에서 많이 출토된다.

| 방패 |

적의 공격으로부터 몸을 보호하기 위한 도구로 중국의 복희伏犧가 처음 만들었다는 전설이 전해진다. 간단한 구조임에도 화약무기가 등장하기 이전까지는 뛰어난 방어력을 발휘하였기에 동서양을 막론하고 개인의 방어 도구로 이용되었다. 우리나라도 고구려 고분벽화 등에 방패를 든 군인의 모습이 그려져 있다.

원방패

둥근 모양의 방패. 황해도 안악 3호분 행렬도에는 기병들이 들고 있는 모습이 그려져 있다. 말 위에서 전투를 해야 하기 때문에 긴 방패 대신 원형으로 만든 것이다. 장방패와 마찬가지로 단단한 나무로 만들고 테두리에는 철을 댔다.

안악 3호분 행렬도의 원방패

장방패

세로형의 긴 방패. 황해도 안악 3호분 행렬도에 그려져 있다. 개인이 사용하기도 하였고 보다 크게 만들어서 군대의 방호벽으로 삼기도 하였다. 재료는 단단한 나무를 사용하였고 테두리에는 철을 댔다.

장방패를 사용하는 모습

안악 3호분 행렬도의 장방패

| 방어용 말갖춤 |

말이 전투에서 적의 공격에 살상당하는 것을 막기 위하여 착용시킨 방어도구 일체를 뜻한다. 기병의 역할이 중요시되면서 등장하였다. 말갑옷과 말투구로 나뉘는데 말갑옷은 일체형으로 이어지게 만든 것도 있고 목, 가슴, 몸통, 엉덩이 부분을 따로 분리해서 조립식으로 만든 것도 있다. 우리나라에는 여러 고분에서 말갑옷과 말투구의 실물이 출토되었고 고구려 고분벽화나 기마인물형토기 등에도 말갑옷과 말투구를 착용한 군마들이 그려져 있다.

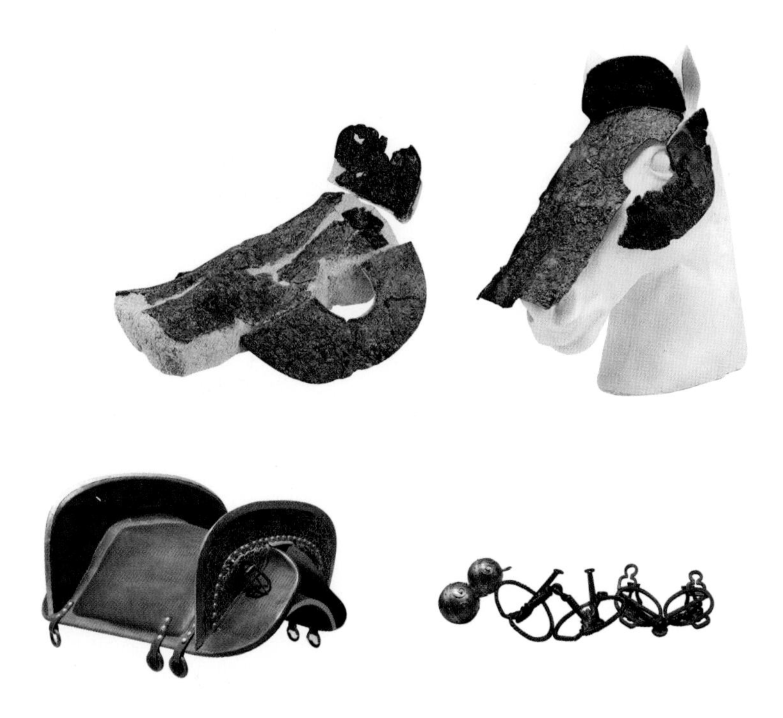

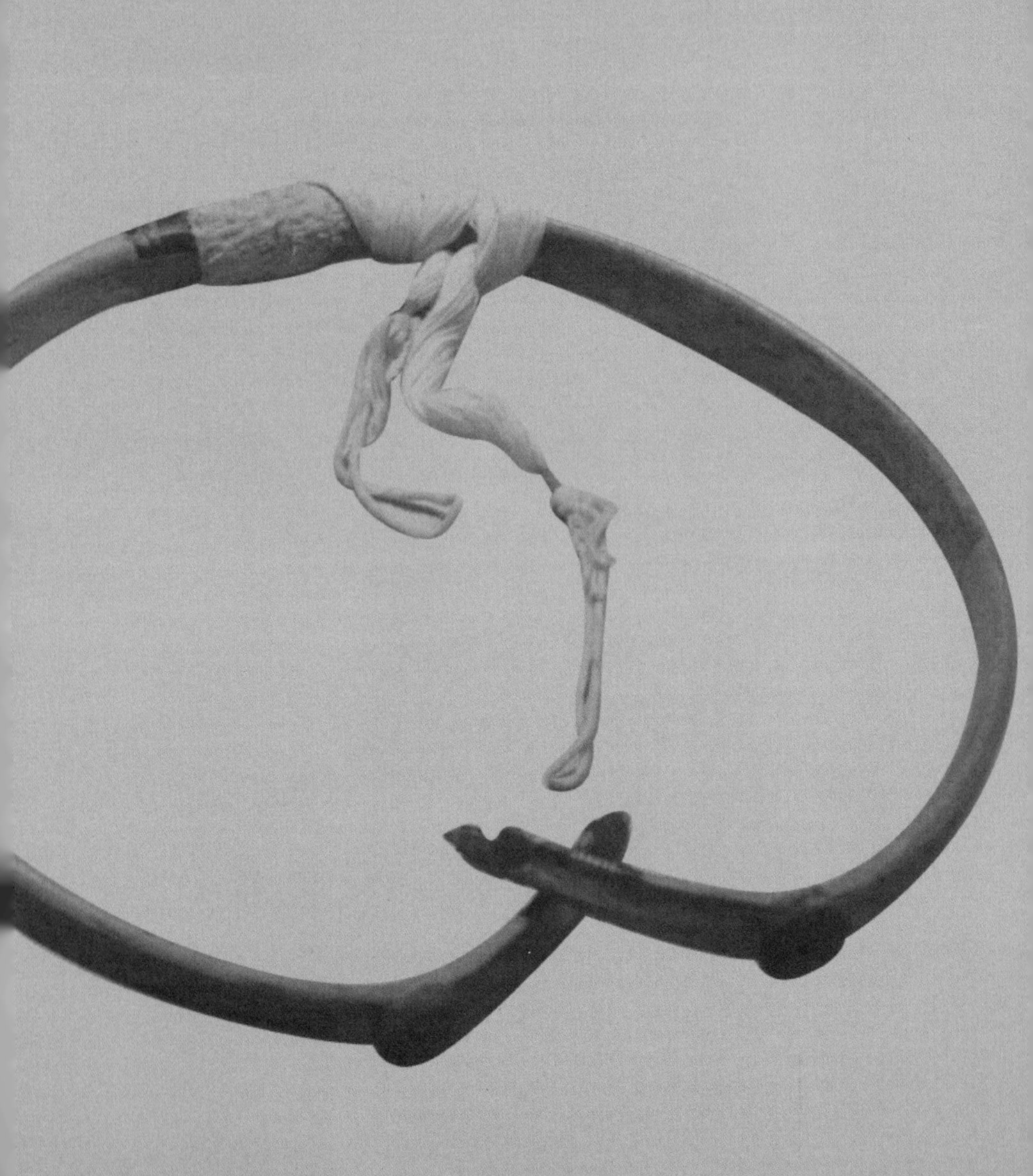

3 후삼국 시대

통일 신라는 200여 년 동안 평화를 누렸으나 후백제와 후고구려가 새로 건립되며 다시 세 나라로 갈라졌다. 전쟁은 끊이지 않았고 백성은 혼란에 빠졌으며 신라의 국력은 날이 갈수록 약해져만 갔다. 나라 이름을 태봉으로 바꾼 후고구려는 점차 세력을 넓혔다. 횡포를 일삼던 태봉의 왕 궁예를 몰아내고 왕위에 오른 왕건은 고려를 세우고 다시 삼국을 통일했다.

나주 전투

신라 말년에 이르러 나라 힘이 약해지자 지방에서 나름대로의 세력을 가지고 있던 호족들 중 독립을 하겠다는 자가 나타났다.

"백제의 뒤를 잇는 나라를 세우겠다."

신라 장수 견훤은 후백제를 세우고 백제의 옛 땅인 충청도와 전라도를 차지했다.

"우리 후고구려는 고구려의 뒤를 잇는 나라다!"

신라 왕자 궁예는 경기도, 강원도, 황해도 일대에 후고구려를 세웠다. 궁예는 후고구려의 나라 이름을 마진으로 바꾸었다가 다시 태봉으로 바꾸며 후백제와 끊임없이 세력 다툼을 벌였다.

910년, 궁예는 자신의 부하 왕건을 시켜 견훤의 본거지인 금성을 공격하도록 명령하였다. 금성은 현재의 전라도 나주 일대로, 바다와 접해 있으며 섬이 많은 지역이었다.

왕건은 수군 2,500여 명을 데리고 서해를 통해 금성을 공격하기로 하고 군함을 준비하였다. 한편 왕건의 군사가 서해를 통해 금성을 공격할 계획이라는 소식을 들은 후백제의 왕 견훤은 수군에 특별 경계령을 내렸다. 목포에서 덕진포에 이르기까지 촘촘히 군함을 배치해 바다를 막고 군사들의 함성이 바다에 쩌렁쩌렁 울리게 하였다.

금성을 공격하려 나주 근처에 도착한 태봉의 군사는 후백제군의 위세에 기가 꺾이고 말았다. 전투가 시작되기도 전에 패배를 우려하는 군사들도 많았다.

"걱정하지 마라. 전투에서의 승리는 군사의 화합에 있는 것이지 무리가 많다고 되는 것이 아니다."

왕건은 두려워하는 군사들을 독려했다. 그리고는 바다에서 육지로 바람이 불 때를 기다려 군사들에게 공격 명령을 내렸다.

"두려워 말고 힘을 모아라. 불화살을 쏘아라!"

나주 전투의 무대인 영산강 하구

태봉군의 화공이 시작되었다. 후백제의 나무 군함은 바람을 타고 날아오는 불화살을 피할 수 없었다. 후백제의 군함이 불타며 침몰하고, 물에 빠진 군사들은 달아나기 급급했다. 견훤도 작은 배에 옮겨 타고 급히 달아났다.

그러나 후백제군이 완전히 무너진 것은 아니었다. 해전에 능한 호족 능창이 거느린 군사가 있었다. 왕건은 10여 명의 군사를 뽑아 특공대를 조직하고 능창의 근거지 갈초도를 급습하는 작전을 세웠다. 이 작전으로 능창을 사로잡게 된 왕건은 금성의 이름을 '나주羅州'라 고쳐 부르게 하고 후백제의 일부를 태봉의 땅으로 삼았다. 이리하여 궁예의 세력이 남해안까지 미치게 되었다.

공산 전투

927년 9월, 후백제의 왕 견훤은 신라의 서울 경주를 공격해 경애왕을 죽이고 경순왕을 세운 다음 온갖 약탈을 하고 돌아가는 길이었다. 918년에 궁예를 몰아내고 고려를 세운 태조 왕건은 이 소식을 듣고 신라를 돕기 위해 5,000명의 기마병을 이끌고 경주로 향했다. 두 나라 군사는 대구 공산의 동수라는 골짜기에서 마주쳐 큰 싸움을 벌이게 되었다.

"견훤 너는 이전까지 신라의 신하였다. 신라의 왕을 죽이다니 그 죄를 묻겠다!"

"왕건 너는 신라와 내통하며 후백제를 괴롭히고 있으니, 죄를 물어야 한다. 목을 내놓아라!"

두 나라 군사는 소리치며 전투를 벌였다. 그러나 전력은 큰 차이가 있었다. 후백제의 군사는 수가 많고, 신라와의 전투에서 이긴 뒤라 기세가 등등했던 반면 고려의 기마병은 급히 달려오느라 많이 지친 상태였다. 결국 고려군은 많은 군사를 잃고 후백제군에게 포위되고 말았다.

"이제 고려 군사는 독안에 든 쥐다. 왕건의 목은 우리 거다!"

후백제군은 왕건의 목숨을 노리고 있었다.

"폐하! 어서 몸을 피하십시오. 적군의 화살이 폐하에게 집중되고 있습니다."

신하들이 왕건을 재촉했다. 만약 왕건이 목숨을 잃는다면 고려 전체가 위태로워지는 시급한 상황이었다. 이때 부하 장군인 신숭겸이 나섰다.

"폐하. 위장을 하는 것이 좋겠습니다. 폐하께서 졸병의 복장

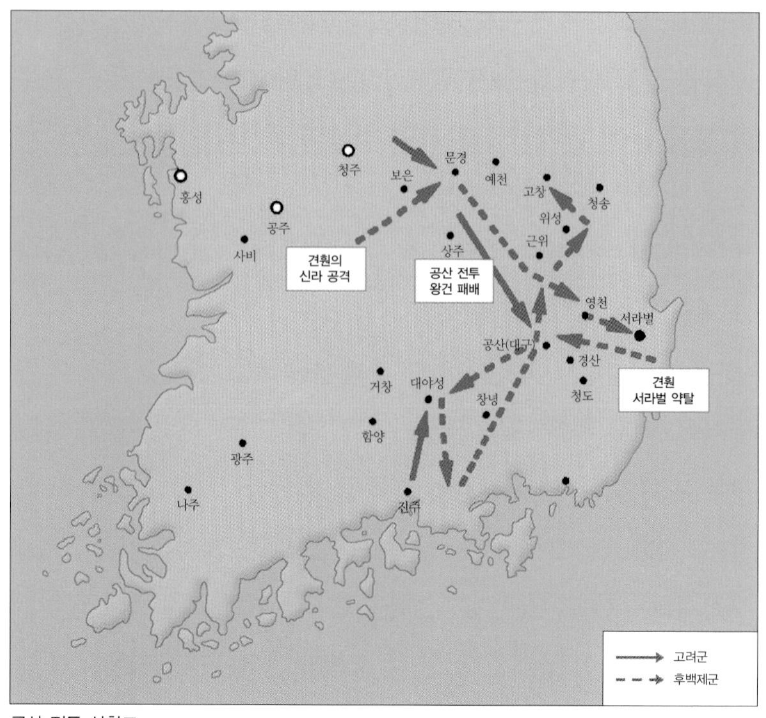

공산 전투 상황도

을 하고 포위망을 뚫으십시오. 제가 폐하의 옷을 입겠습니다. 급합니다."

신숭겸은 왕건을 피신시킨 다음 왕의 복장을 입고 왕의 말을 타고 적진으로 돌격했다.

"저놈이 고려의 왕이다. 집중 공격하라!"

백제 군사들은 신숭겸에게만 공격을 퍼부었다. 그 사이 태조 왕건은 후백제군의 포위망을 뚫고 빠져나갔다.

신숭겸의 죽음이 위기에 놓인 왕건과 고려를 구하게 되었다. 태조 왕건은 신숭겸과 김락 등 여덟 장수가 목숨 바쳐 싸운 이 산을 팔공산이라 부르게 하였다.

고창 전투

팔공산에서 장수와 군사를 잃고 단신으로 목숨만 살아 돌아온 고려 태조 왕건은 패전의 치욕을 씻기 위해 힘썼다. 힘을 기르는 일이 우선이라는 생각으로 군사 양성에 힘쓰며 기회를 엿보고 있었다.

한편 공산 전투의 승리로 대구 일대를 손에 넣은 견훤은 지금의 의성, 안동, 영주, 문경 지방을 계속 공격하였다. 고려와 신라 사이의 교통로를 끊으려는 것이었다.

군사를 정비한 왕건은 929년 12월에 고창이라 불리던 지금의 안동을 향해 나섰다. 유금필을 대장으로 삼고 왕건 자신이 직접 군사를 이끌었다. 견훤을 경상도 일대에서 아예 쫓아버리겠다는 생각이었다.

왕건이 군사를 거느리고 고창에 나타나자 이 지역 호족들이 많은 군사를 거느리고 와서 왕건의 군사와 연합하였고 백성들도 고려군을 도왔다.

두 나라 군사는 낙동강 지류가 흐르는 안동 와룡에서 맞닥뜨렸다. 병산에 주둔한 고려군과 석산에 진을 친 후백제군 사이에 전투가 벌어진 것은 930년 정월이었다. 성에 의지하지 않은 야전 싸움은 한참이나 계속되었다. 무수한 화살이 하늘을 날고 칼날이 정신없이 찌르고 베는 접전 끝에 후백제의 군사가 차츰 밀리기 시작하더니 남은 군사들이 자리를 지키지 못하고 달아났다. 견훤이 군사 8,000여 명을 잃고 쫓겨간 것이었다.

고창 전투의 승리로 고려는 후삼국 중 가장 강한 나라가 되었다. 후백제는 이 전투 이후 경상도 지방을 넘보지 못하게 되었다.

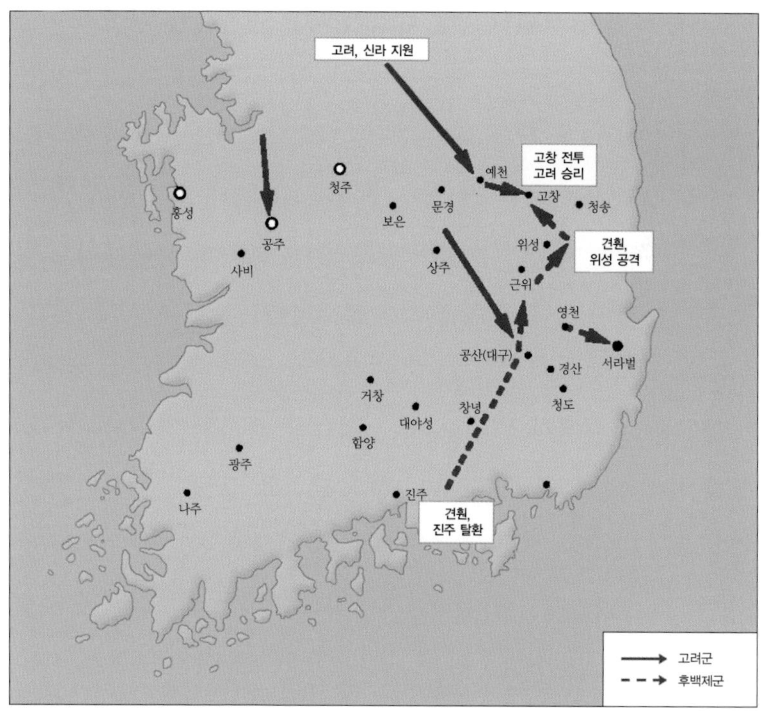

고창 전투 상황도

일리천 전투

후백제의 왕 견훤에게는 아들이 여럿 있었는데, 견훤은 그 중 넷째 아들인 금강을 가장 사랑하여 그에게 왕위를 물려주고자 하였다. 그러나 견훤의 이런 결정에 다른 아들들은 강한 불만을 토로했다. 결국 다른 세 아들인 신검, 양검, 용검은 아버지의 뜻에 불만을 품고 금강을 죽인 후 아버지 견훤을 금산사에 가두었다. 그리고 장남 신검이 스스로 후백제의 제2대 왕에 올랐다.

금산사에 갇힌 견훤은 천신만고 끝에 탈출에 성공하여 고려로 피신하였다. 견훤은 왕건에게 읍소하였다.

"폐하께서 하늘을 거역한 내 자식의 죄를 다스려주십시오."

왕건은 견훤에게 상부尙父라는 칭호를 내리며 정중히 맞이하였다. 당시는 고려의 기세가 날이 갈수록 강해지는 시기였다. 같은 해 11월에는 신라 경순왕이 많은 신하를 거느리고 와서 나라를 고려에 바치기도 했다. 하늘의 운기가 이미 고려 쪽으로 성큼 돌아서고 있었다.

왕건은 견훤과 함께 후백제 공격 준비에 매진했다. 이듬해인

936년 9월, 마침내 왕건은 8만 5,000명의 대군을 동원해 신검이 이끄는 후백제를 공격했다. 부하 장수들에게 군사를 나누어 맡기고 자신도 견훤과 함께 부대를 직접 지휘했다.

신검이 거느린 후백제의 군사와 고려의 군사는 오늘의 구미시 선산읍 지역에서 낙동강 지류인 일리천을 사이에 두고 진을 쳤다.

"아버지를 쫓아내고 왕위에 오른 신검을 처단하러 궁예왕이 오셨다. 신검은 나와서 항복하라!"

고려군의 외침은 후백제군의 사기를 꺾기에 충분했다. 신검의 입장에서는 명분 없는 싸움이었다.

그때 견훤이 고려군 사이에서 모습을 나타냈다. 후백제군 진영에서 그 모습을 과거 견훤의 부하 장수들은 싸움도 하기 전에

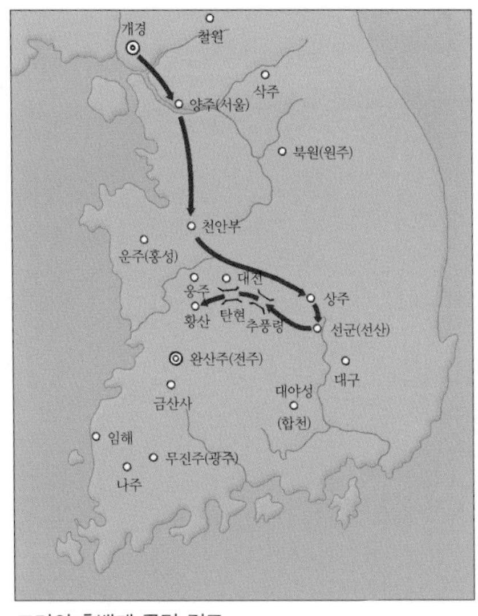

고려의 후백제 공격 경로

고려군에 항복하기 시작했다.

"지금 신검은 중군에 있으니 좌우로 들이치면 쉽게 격파할 수 있을 것입니다."

항복해 온 후백제 장수들이 전하는 정보였다. 곧 고려군은 후백제군을 향해 좌우에서 총공격을 시작하였다.

후백제는 진열이 무너지며 크게 패하였다. 살아남은 군사는 계속 쫓기며 오늘의 충남 논산 지역까지 달아나다가 추격하는 고려군에게 항복하였다.

왕건은 양검과 용검을 귀양보냈고 얼마 후에 죽였다. 왕위에 오른 신검의 경우는 왕의 자리를 차지한 것이 주위의 위협에 의한 것이고, 전투 중 항복해 온 것을 참작하여 특별히 벼슬을 내렸다. 그러나 이에 번민하던 견훤은 등창이 나서 수일 만에 죽었다.

견훤의 묘로 추정되는 충청남도 논산시의 전견훤묘

주요 인물

견훤(甄萱, 867~936)

신라의 장수로 서남쪽 바다를 잘 지킨 공을 인정받아 비장(고급 장교)이 되었다. 나라의 혼란을 틈타 892년에 후백제를 세우고 전주에 도읍을 정했다. 궁예의 후고구려와 세력 다툼을 벌였고 고려와도 자주 싸웠다. 본래 성은 이씨였으나 견씨로 고쳤다.

926년, 신라의 서울인 경주를 공격해 경애왕을 죽이고 경순왕을 세웠다. 처음에는 후삼국 중 가장 강했으나 929년 고창(지금의 경상북도 안동시)에서 고려에 크게 패한 뒤 세력이 꺾였다. 맏아들 신검이 아닌 넷째 아들 금강에게 왕위를 물려주려다 신검에 의해 금산사에 갇히기도 했다. 왕건에게 항복한 뒤에는 아들의 토벌을 건의하기도 했는데 후백제가 망한 뒤 왕건이 신검을 우대하자 분을 이기지 못하고 앓다가 죽었다.

전설

무진주(지금의 광주광역시 북촌)의 한 처녀에게 저녁마다 놀러오는 이름 모를 남자가 있었다. 처녀는 그 남자의 정체를 알기 위해 그 남자의 옷에 몰래 실을 꿰어 두고 이튿날 그 흔적을 찾아보니 놀랍게도 남자는 울타리 옆 땅속에 사는 지렁이였다.

처녀는 곧 태기가 있어 아기를 낳았는데 그 아기가 견훤이다. 그래서 견훤은 지렁이의 자식이라는 전설이 전한다. 지렁이 자식이라는 전설대로 견훤은 물만 만나면 힘이 났다고 한다. 전투중에 지치면 물 속으로 뛰어들고, 다시 물에서 나오면 힘이 펄펄 나는 것이었다.

고창 전투에서도 낙동강 물에 자주 뛰어들었는데 그때마다 엄청난 힘을 내는 견훤을 고려군이 상대하기에 여간 어려운 것이 아니었다. 그때 전략을 맡은 책사가 말했다.

"지렁이는 물기를 좋아하지만 소금기는 아주 싫어합니다. 강물에 소금을 풀어 놓는 것이 어떨까요."

"그것이 좋은 방법일 것 같소."

왕건은 호족들에게 부탁하여 많은 소금을 구해다가 강물에 흘려보냈다. 강물에 소금이 들어간 것을 모르고 강물에 뛰어들었던 지렁이 견훤은 따가움에 몸부림쳤고 다시는 강물에 뛰어들지 못하다가 힘을 잃어 달아났다고 한다.

궁예(弓裔, ?~918)

후고구려를 세운 왕. 본래 신라의 왕자였는데 출가하여 선종이라는 법명으로 스님이 되기도 하였다. 또한 양길이라는 도적의 부하로 있으면서 군사를 길러 경기도, 강원도, 황해도로 세력을 넓혔다.

궁예가 근거지로 삼았던 철원의 토성

901년에 후고구려를 세우고 나라 이름을 마진, 태봉이라 고쳤다. 포악한 정치로 사람을 죽이고 백성을 괴롭혀 백성들의 원성이 자자했다. 왕건을 왕으로 추대하는 신하들에 내몰려 도망치다가 평강에서 백성들의 손에 죽었다.

전설

궁예는 신라 제47대 헌안왕의 아들이라는 설도 있고 48대 경문왕의 아들이라는 설도 있다. 정권 다툼에서 밀려나 어릴 때부터 유모의 품에서 숨어 자랐다. 왕건의 어머니가 아기를 유모에게 건네줄 때 유모의 손에 찔려 한쪽 눈을 잃었다.

외눈으로 평생을 산 궁예는 자신이 신라 왕자라는 사실을 알고 큰 뜻을 품게 되었다. 그러나 자신을 버린 신라를 몹시 싫어하여 신라 서울을 멸도滅都라 부르게 하였는데 이는 멸망할 도시, 또는 멸망시켜야 할 도시라는 뜻이었다. 후고구려의 왕이 된 뒤에는 신라에서 귀순해 오는 사람까지 벌을 주었다.

신숭겸(申崇謙, ?~927)

고려의 장군이자 개국공신. 처음 이름은 '능산'이었다. 왕검과 함께 궁예의 부하로 있다가 홍유, 배현경, 복지겸 등과 의논하여 포악한 궁예를 내쫓고 왕건을 왕으로 모시었다.

공산 전투에서 고려의 군사가 적군에 포위되어 태조왕의 목숨이 위태롭게 되자 왕을 구하기 위해 왕으로 위장하고 싸우다 전사하였다. 고려에서는 나라를 구한 충신으로 받들었다.

봉분이 세 개인 신숭겸의 묘

고려의 예종 임금은 「도이장가」라는 노래를 지어 공산 전투에서 공을 세운 신숭겸과 김락을 추모했다. 도이장가는 '두 장군을 추도하는 노래'라는 뜻이다.

전설

신숭겸을 왕건으로 알고 목을 베어 간 후백제의 군사들은 왕건이 아직 살아 있다는 것을 알고 적장 신숭겸의 충성과 계략에 놀랐다.

한편 왕건은 머리가 없어진 신숭겸의 시신에 금으로 머리를 만들어 후하게 장례를 치루었다. 왕건은 시신의 안전과 도굴 방지를 위해 나란히 무덤 셋을 만들고 어느 무덤에 신숭겸을 묻었는지 분간하지 못하게 했다. 현재 강원도 춘천에 있는 신숭겸 장군 묘소는 세 봉분이 나란히 있는 모양이다.

전남 곡성에서 태어난 신숭겸은 용탄 여울에서 목욕을 하다가 용마 한 필을 얻어서 타고 다녔다. 신숭겸이 공산 전투에서 전사하자 용마가 그 머리를 물고 고향으로 돌아와 사흘을 슬피 울다가 죽었다는 이야기가 전한다.

왕건(王建, 877~943)

고려의 태조. 개성 지방 호족의 아들로 태어나 궁예의 부하가 되었다. 후고구려의 장군으로 전쟁 때마다 나가서 공을 세웠는데 궁예왕이 날로 포악해지자 궁예의 신하들이 왕건을 임금으로 받들게 되었다. 918년에 나라를 세우고, 나라 이름을 고려라 하였다. '고려'는 고구려를 가리키던 말이며, 삼국 시대에 '고구려'를 줄여서 널리 쓰던 말이었다. 고려는 고구려를 잇는 나라가 되었고 신라와 후백제를 합친 통일 국가를 이루었다.

고려 시대 면복을 입은 태조 왕건

4 고려 시대

고구려를 계승하고자 한 고려는 옛 땅을 되찾고자 하는 열망으로 강력한 북진 정책을 추진하였다. 그 결과 북방 민족과의 싸움이 계속되었다. 송나라와 화친 정책을 계속하며 거란(요)과 여진(금) 등의 숱한 침입을 막아 낸 고려는 몽골(원)의 대군을 맞아 휘청거렸으나 끈질기게 저항하였다. 고려 말에는 화약을 발명하여 새로운 무기를 만드는 등 무기 체계에 일대 혁명이 일어났다.

봉산성 전투

거란의 추장 야율아보기가 여러 부족을 합쳐서 중국 북부 지방과 요동 땅에 세운 요나라는 점차 세력을 넓히며 발해를 위협하기에 이르렀다. 결국 926년에 발해를 무너뜨린 요나라는 고려와 국경을 마주하게 되었다. 그러나 고려는 "발해를 무너뜨린 오랑캐들과는 친구의 나라가 될 수 없다." 하며 요나라를 인정하지 않으려 했다.

이 무렵 고려 태조 왕건은 압록강 유역에 사는 여진족, 거란족을 쫓아내고 고려 사람을 이주시켜 고려 땅을 넓히는 정책을 쓰고 있었다. 이것이 태조 왕건의 북진정책이었다. 요나라는 바다 건너 송나라와는 사이좋은 관계를 유지하며 유독 요나라를 적대시하는 고려가 무척 얄미웠다.

"고려는 우리를 원수 대하듯 하면서 송나라와는 친하다. 먼저 고려를 쳐야겠다."

요나라 임금은 장수 소손녕에게 고려를 공격하도록 명령하였다. 993년(성종 12)에 거란 장수 소손녕은 80만 대군을 이끌고 물밀듯이 압록강을 건너와 현재의 평안북도 구성군인 봉산성까지 쳐들어왔다. 이것이 거란의 1차 침입이다.

봉산성이 적의 손에 떨어지자 다급해진 고려는 서희를 비롯한 장수와 군사를 봉산성으로 보냈다. 그런데 서희는 적장을 만나 담판을 짓겠다며 혼자 적진으로 들어갔다.

적장 소손녕이 말하였다.

"고려는 신라에서 일어난 나라이니 옛 고구려의 땅을 모두 내놓아야 할 것이오. 아니면 우리가 쳐서 빼앗겠소."

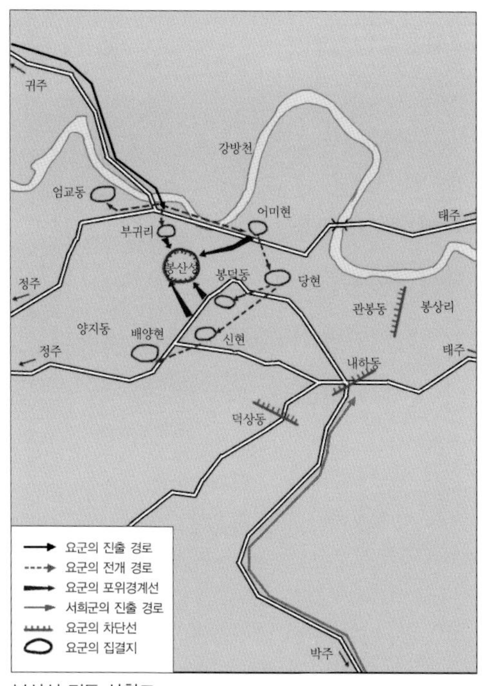

봉산성 전투 상황도

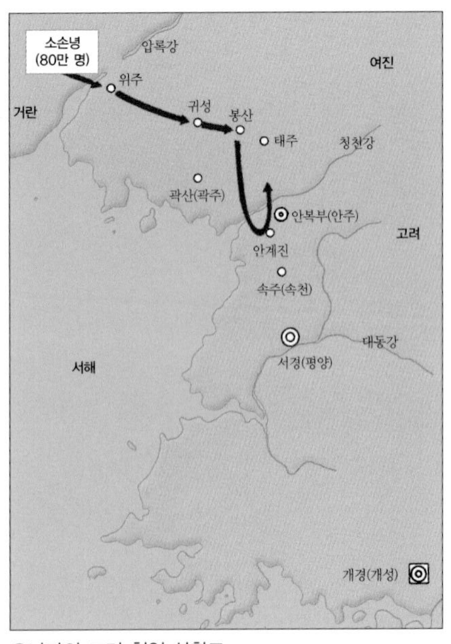

요나라의 고려 침입 상황도

서희가 말하였다.

"그것은 잘못된 생각이오. 우리는 신라를 잇는 나라가 아니라 고구려를 잇는 나라이기 때문에 고려라 이름 지었소. 옛적부터 고려는 고구려의 줄임말이었소. 그러므로 고구려의 옛 영토인 요동은 당연히 고려 땅이오."

서희의 말을 듣고 있던 소손녕이 가만히 생각해 보니 서희의 말이 맞는 주장이었다.

'섣불리 이 사람을 상대하려다가는 큰일나겠군.' 겁을 먹은 소손녕은 군사를 거두어 요동으로 물러났다.

피를 흘리지 않고 거란의 80만 대군을 물리친 서희의 외교는 오래도록 우리 역사에 빛나고 있다.

귀주 대첩

봉산성 전투 이후에도 거란의 침입은 몇 차례나 계속되었다. 그러나 번번이 고려군에게 쫓겨 물러서기 일쑤였다. 전열을 가다듬은 거란은 1018년(현종 9) 12월에 10만 명의 군사를 동원해 고려를 침입하였다.

"우리가 여러 번 고려를 쳤으나 한 번도 뜻을 이루지 못하였다. 이번에는 고려의 서울 개경을 쳐부술 것이다!"

거란의 대장 소배압은 큰소리를 치며 군사들을 독려했다.

고려에서는 강감찬을 상원수로, 강민첨을 부원수로 하는 20만 8,000명의 군사로 침입자 거란군을 막아섰다.

강감찬은 현재의 평안북도 의주 땅인 흥화진으로 군사를 이끌며 강물을 이용해 적을 공격하는 작전을 구상하였다. 1만 2,000명의 정예군을 산기슭에 숨겨 두고 쇠가죽으로 삼교천을 막아두었다가 적군이 달려올 때 일시에 터뜨려 적군을 수장시킬 계획이었다.

강감찬의 전략을 꿈에도 생각하지 못한 거란군은 산더미처럼 밀어닥치는 물살에 휩쓸려 많은 군사를 잃었다. 얼음물 속에서 겨우 헤엄쳐 나온 군사들도 산기슭에 숨어 있던 고려 복병의 공격에 쓰러지기 일쑤였다.

거란의 장수 소배압은 많은 군사를 잃었지만 고려의 서울 개경을 공격할 목적으로 남진을 계속하였다. 그러다가 강민첨의 공격으로 또다시 많은 군사를 잃었다. 그러나 거듭되는 패배에도 소배압은 남진을 멈추지 않았다.

한편 개경에서는 거란군이 올 것에 대비해 모든 백성이 성안으로 대피했다. 성 바깥의 민가에는 곡식 한 톨, 가축 한 마리 남겨 두지 않았다.

귀주 대첩 기록화

거란의 군사는 겨우 개경 가까이에 이르렀지만 민가에는 약탈할 만한 것이 하나도 없었고 개경에 침입하기에는 철통같은 방어를 뚫을 수가 없었다.

"내가 너무 고집을 부렸군. 고려군을 얕보다가 이 지경이 되었어."

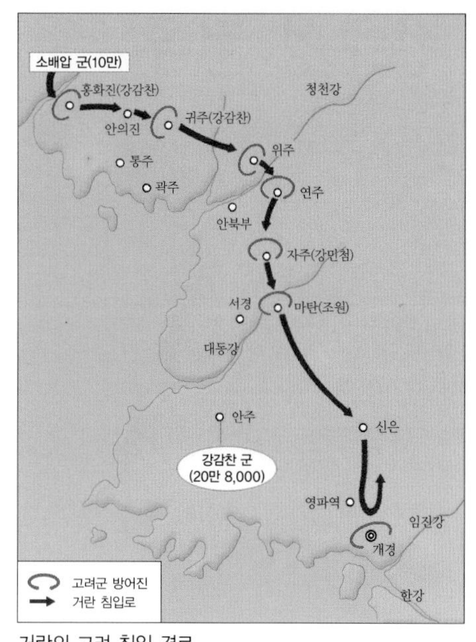

거란의 고려 침입 경로

군량까지 바닥난 것을 안 소배압은 싸울 엄두를 내지 못하고 할 수 없이 군사를 돌리게 되었다.

거란군은 철수하는 도중에도 고려군의 기습 공격에 많은 군사를 잃었다. 그러던 거란군이 강감찬이 지키고 선 귀주에 이른 것은 아직도 추운 날씨가 계속되던 2월이었다.

귀주에서 거란군은 강감찬의 맹렬한 공격을 받게 되었다. 황급히 귀주를 빠져나가려고 애를 썼지만 개경에서부터 추격해 온 고려군과 강감찬의 협공을 감당하기는 어려웠다.

거란군은 전멸에 가까운 대참패를 당했다. 살아서 본국으로 돌아간 자는 불과 수천 명이었다.

정주성 전투[1]

고려가 후삼국을 통일했지만 지금의 함경도 땅은 여진족이 차지하고 있었다. 여진족은 고려와의 국경 지대에서 여러 소란을 일으켰다.

고려의 숙종 임금은 국경을 침범하는 여진족을 내쫓기 위해 장군 임간을 여진족의 근거지인 지금의 함경남도 정평군인 정주성으로 파견하였다. 그러나 임간은 여진의 군사에 패해 많은 병력을 잃고 말았다.

이에 숙종은 윤관을 대장으로 삼아 여진을 막도록 하였다. 윤관은 우선 여진의 군사들을 유심히 관찰하였는데 강한 기마병을 주축으로 한 여진의 군사는 얕볼 수 없는 부분이 있었다.

윤관은 즉시 숙종 임금께 이 사실을 보고하였다.

"적은 날쌘 기마병을 보유하고 있습니다. 이들을 물리치려면 우리도 강한 기마병이 필요합니다."

보고를 들은 숙종 임금은 여진을 물리치기 위해 특수부대를 만들도록 하였다. 이것이 별무반이다.

숙종이 세상을 떠나고 예종 임금이 들어선 지 2년 만인 1107년, 여진은 다시 국경을 침범하였다.

"이 기회에 오랑캐를 쫓아내야겠소. 별무반을 동원하시오."

예종 임금은 윤관을 여진족 정벌군 원수로, 오연총을 부원수로 임명하고 여진 정벌을 명령하였다.

윤관은 별무반을 포함한 17만 대군을 이끌고 정주성으로 향했다. 정주성은 동해를 끼고 있어서 수군과 육군이 협공을 할

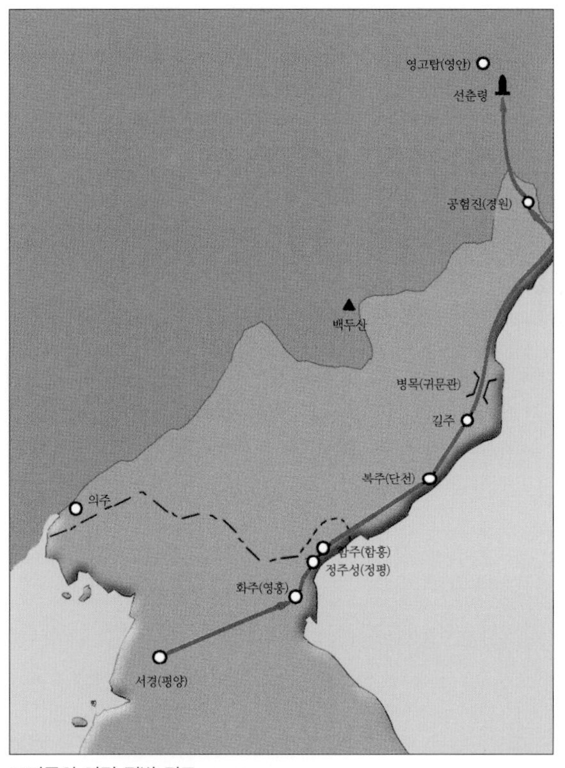

고려군의 여진 정벌 경로

수 있는 곳이었다.

정주성에서 고려군과 여진과의 격전이 벌어졌다. 처음에는 잘 버티는 듯하던 여진의 병사들도 별무반의 날랜 기마병에게는 어림없었다. 게다가 육군과 수군의 협공까지 이어지자 여진의 군사들은 많은 병력을 잃고 달아나기 시작했다.

윤관의 군사는 달아나는 적을 멀리 내쫓고 현재의 함흥 일대 땅을 모두 확보하였다. 그리고는 예종 임금에게 승전보를 올렸다.

"우리 군사는 오랑캐를 여지없이 쳐부수고 땅을 넓혔습니다. 이곳을 지키는 성을 쌓아 오랑캐가 침입하지 못하도록 하겠습니다."

윤관은 군사를 동원하여 다시 찾은 고구려의 옛 땅에 성을 쌓게 하였다. 함주성, 영주성, 웅주성, 복주성, 길주성, 공험진, 숭녕성, 통태성, 진양성 등 모두 아홉 개의 성이었다.

묘청의 난

"나라에 전란이 자주 일어나고 형편이 피어나지 못하는 것은 개경의 땅기운이 쇠약하기 때문입니다. 서경(평양)으로 천도를 하십시오. 그래야 고려가 큰 나라로 발전할 것입니다. 금나라뿐만 아니라 많은 나라가 고려에 조공을 바칠 것입니다."

고려의 인종 임금은 정치 고문인 묘청의 말을 듣고 있었다. 천도란 도읍을 옮긴다는 말로, 개경을 버리고 평양으로 가라는 말이었다.

인종 때의 고려는 매우 어지러운 형편이었다. 왕의 외척인 이자겸이 난을 일으켜 궁궐이 불타버렸고, 여진족이 만주 땅에 금나라를 세워 고려를 위협하고 있었다. 이처럼 어수선한 때에 신하 한 사람이 묘청을 소개한 것이다.

"우리 평양에는 풍수지리에 뛰어난 도사가 있는데 모든 사람이 존경하고 있습니다. 이 사람에게 나라의 운수가 어떤지 들어보시면 어떠하올지요?"

이리하여 인종은 묘청을 나라의 고문으로 삼게 되었다.

묘청의 말을 들은 인종은 서경으로 도읍을 옮기기로 하고 서경에 대화궁이라는 궁궐을 지으며 몇 차례 서경을 드나들었다.

그런데 이 일에 반대하는 신하가 적지 않았다. 김부식 등 개경 출신의 신하들이 반대 의견을 올렸다.

"묘청은 요사스런 도술꾼입니다. 그의 말을 믿지 미십시오. 서울을 서경으로 옮겨놓고 나라의 권력을 거머쥐려는 술책입니다."

서경 천도를 주장하는 묘청 등과 이를 반대하는 김부식 등의 의견이 오가고 국론이 분열되자 결국 인종은 서경 천도를 포기하기로 하였다.

그러자 묘청은 세력을 모아 새 나라를 세우겠다며 반란을 일으켰다. 나라 이름을 대위라 하고, 연호를 천개라 하여 서경을 거점으로 새 나라를 세우겠다는 것이었다.

1135년(인종 13), 조정에서는 김부식에게 군사를 맡겨 묘청의 반란군을 진압하도록 하였다. 평양성을 포위한 김부식은 몇 차례 평양성을 공격했으나 실패를 거듭했다. 김부식은 성안의 식량이 떨어질 때까지 기다려 공격을 펼치기로 하였다. 성 밖에 흙으로 토산을 쌓아 두었다가 성을 포위한 지 일 년이 되는 때에 토산에서 석포(포차)를 쏘고 불화살을 날리면서 총공격에 들어갔다.

이리하여 묘청의 난은 1년여 만에 끝이 났다. 그러나 묘청은 난이 끝나기도 전에 배반자에게 살해되었다.

조위총의 난

고려 중기, 문신과 무신의 갈등은 심해져만 갔다. 문신들로부터 많은 무시를 받는다고 느끼던 무신들은 정중부를 주축으로 정변을 일으켜 의종 임금을 왕위에서 쫓아내고 그의 동생 명종을 임금으로 세웠다. 이것을 무신 정변이라고 한다.

의종을 다시 왕위에 올리기 위한 김보당 등의 노력이 실패로 돌아가고, 김보당을 토벌한 이의민에 의해 의종이 죽자 백성들은 분개하였다.

"세상에 이런 일이 있을 수 있는가! 신하가 임금을 마음대로 갈아 치우고 죽이다니."

그러나 살벌한 무신 정권을 비판하기는 쉽지 않은 세상이었다.

1174년, 오늘날의 평양 시장격인 서경유수와 병부상서를 겸직하고 있던 조위총이 무신 정권의 타도를 외치며 반란을 일으켰다. 우선 함경도와 평안도 각 성에 격문을 보내어 무신 정권 타도에 뜻을 같이 할 사람은 군사를 이끌고 평양성으로 모이라고 하자 40여 성이 응하였다. 조위총은 모여든 군사들로 부대를 조직하고 필승의 결의를 다졌다.

당황한 개경의 무신들은 윤인첨을 대장으로 삼아 조위총을 토벌하도록 하였다. 평양으로 진격하던 윤인첨의 토벌군은 황해도 황주의 자비령에 이르러 갑자기 세찬 눈바람을 만났는데 이때 조위총의 군사들이 기습작전을 펼쳤다. 추위와 눈바람 속에서 기습을 당한 윤인첨은 크게 패하고 말았다.

승리를 거둔 조위총의 군사들은 계속 전진하여 개경에 이르렀지만 개경을 수비하던 이의방에게 일격을 맞고 패배하게 되었다. 그러나 이의방도 서경까지 진격하였다가 다시 조위총에게 패하고 말았다.

조정에서는 할 수 없이 윤인첨을 다시 대장으로 삼아 평양성을 공격하였다. 윤인첨은 조위총의 심복이 있는 평양 북쪽의 연주성을 먼저 공격한 후 평양성을 포위하여 지구전을 벌였다. 궁지에 몰린 조위총은 국토의 일부를 바치는 조건으로 금나라에 구원을 청했으나 금나라는 끝내 응하지 않았다. 이리하여 약 2년에 걸친 조위총의 난이 평정되었다.

귀주성 전투

1231년(고종 18), 압록강에서 조정으로 급한 전갈이 왔다. 몽골군의 원수 살리타가 대군을 거느리고 압록강을 건넜다는 것이다. 송나라와 금나라를 차례로 정복하고 러시아 남부까지 손에 넣은 몽골군의 1차 침입이었다.

그러나 고려의 군사들은 겁내지 않았다.

"사막의 오랑캐들이 쳐들어온다니 죽기를 각오하고 싸우는 수밖에 없다."

고려는 귀주성을 방어선으로 삼아 몽골군을 막아내기로 했다. 박천강 상류에 있는 귀주성은 오늘날의 평안북도 구성군에 위치한 군사 요새로서 압록강을 건너 온 침략군이 거치게 되는 길목이었다. 강감찬 장군이 거란의 대군을 전멸시킨 귀주대첩도 귀주성 부근에서 올린 전과였다.

나라를 지키고자 결사한 고려의 군사들은 귀주성에 모여들었다. 이미 귀주성에는 총대장인 서북면 병마사 박서가 5,000명의 군사로 방어 채비를 갖추고 있었다. 여기에 삭주 분도장군

김중온이 삭주에서 군사를 이끌고 귀주성으로 왔고 정주 분도 장군 김경손이 정주에서 군사를 이끌고 귀주로 모였다. 김경손의 부대에는 12명의 결사대까지 조직되어 있었다. 이외에도 특수부대인 별초군 250여 명이 합류했으며 성안의 일반 백성들까지 죽을 각오로 싸울 채비를 하고 있었다.

8월 10일에 압록강을 건넌 몽골군이 귀주성에 이른 것은 9월 3일이었다. 몽골 침략군의 일부인 북로군 1만 명은 귀주성을 몇 겹으로 포위하고 위세를 떨쳤다.

첫 전투는 9월 3일 새벽에 시작되었다. 몽골군은 포차(석포)와 운제 등 온갖 공성무기를 동원해 귀주성을 공격했다. 몽골군의 강한 공격에 고전하던 고려군은 먼저 성문을 열고 결사대를 투입했다. 결사대가 몽골군 진영 한복판을 교란시키는 틈을 타 나머지 병사들이 일제히 몽골군을 공격하였다. 순식간에 전세가 역전되자 몽골군은 뿔뿔이 흩어지며 퇴각하였다.

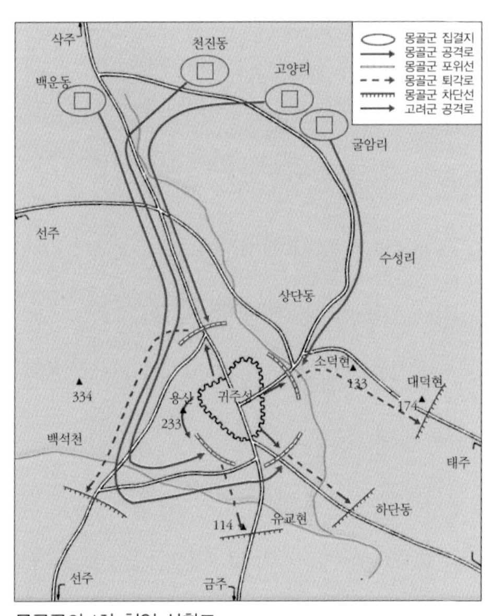

몽골군의 1차 침입 상황도

다른 나라 군사와는 다르다는 것을 안 몽

골군은 전열을 가다듬어 10월 20일에 2차 침입을 해 왔다. 집중 공격으로 한때 귀주성의 일부가 뚫리기도 하였지만 고려군의 민첩한 대응으로 몽골군은 다시 퇴각하였다.

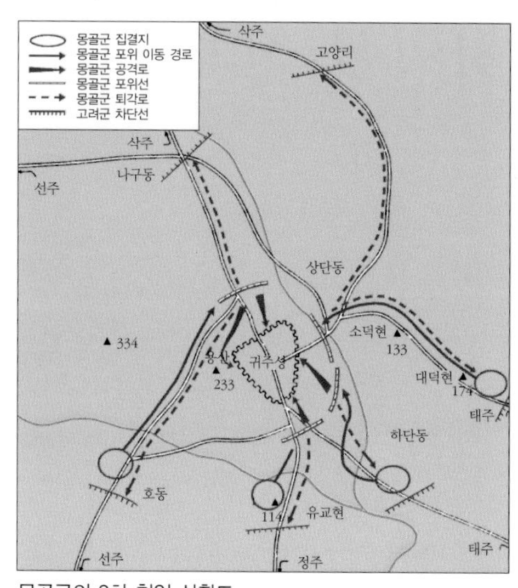

몽골군의 3차 침입 상황도

11월 22일의 3차 침입 이후 이듬해 1월까지 간헐적인 몽골군의 공격이 계속되었는데 귀주성은 꿈쩍도 하지 않았고 몽골군만 많은 군사를 잃게 되었다.

그런데 이 와중에 고려 조정에서 한 통의 전갈이 날아들었다. 몽골과 화의가 성립되었으니 싸움을 중지하라는 것이었다. 싸움이 어려워지자 몽골군의 원수 살리타가 개경으로 가서 고려 조정과 강화조약을 체결한 것이었다.

"나라의 명령을 어길 수 없으니 참으로 한스럽구나!"

박서, 김경손, 김중온 세 장수는 깊은 한숨을 쉬며 공격을 중지할 수밖에 없었다.

처인성 전투

고려에 침입했던 몽골의 원수 살리타는 72명의 다루가치를 고려 땅에 남겨두고 돌아갔다. 다루가치는 내정을 간섭할 목적으로 몽골이 우리나라에 파견한 관리를 말한다. 그러나 고려의 고종 임금과 권력을 잡고 있던 최우는 몽골과 끝까지 싸우기로 하고 서울을 강화로 옮기는 한편 다루가치들을 죽이거나 나라 밖으로 쫓아버렸다.

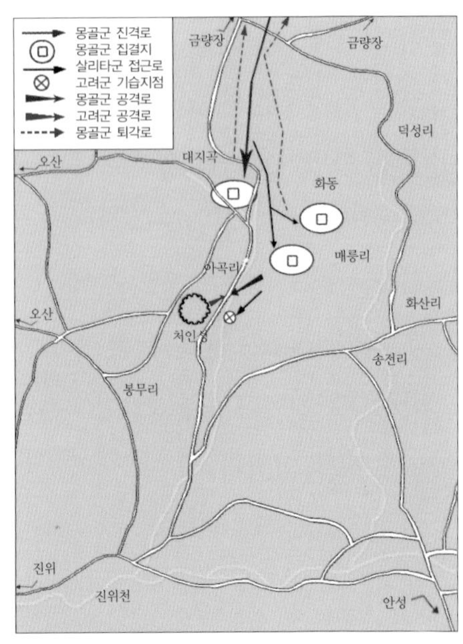

처인성 전투 상황도

그러자 살리타는 고려에서 물러난 지 일곱 달 만인 1232년 8월, 두 번째 침입을 감행했다. 살리타는 우선 군사를 네 개의 부대로 나눈 뒤 제4군을 직접 지휘하고 개경, 한양을 거쳐 오늘날의 경기도 용인에 있는 처인성을 공격해 왔다.

처인성은 작은 토성이었다. 성을 지키는 장수는 나라의 위기를 앉아서 지켜볼 수 없어서 싸움터에 나선 승병장 김윤후였다. 김윤후는 뜻을 같이하는 승병들과 피난을 하러 성으로 몰려든 일반 백성들을 모아 처인성을 지키고 있었다.

마침내 12월 16일에 살리타의 처인성 공격이 시작되었다.

"이런 작은 성쯤이야 하루아침에 날려 버리겠다."

살리타는 처인성을 만만히 보고 달려들었다. 그러나 승병장 김윤후는 이에 굴하지 않고 동문 밖 언덕에 복병을 배치하여 적

처인성 전투 기록화

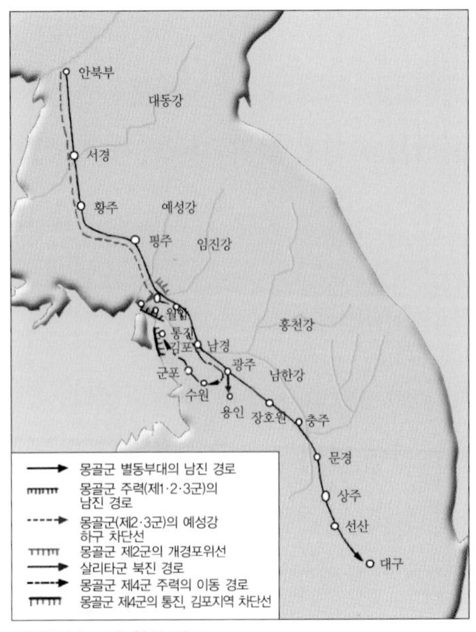

몽골군의 고려 침입 경로

장 살리타를 집중 공격하도록 했다.

"적장을 쏘아라! 공격을 퍼부어라!"

김윤후가 소리쳤다. 몽골군은 성 안팎에서 퍼붓는 공격을 이기지 못하고 몇 차례 물러섰다가 다시 공격하기를 반복했다. 그 사이 몽골군의 숫자는 점차 줄어들었다.

고려군의 공격은 종일 계속되었다. 그러던 중 화살 몇 개가 살리타의 몸에 명중했다. 화살을 맞은 살리타는 쓰러졌고, 지휘관이 없는 몽골군은 우왕좌왕하며 갈피를 잡지 못했다.

"쏘아라! 베어라! 적장이 죽었다!"

김윤후가 소리치자 고려 군사는 같이 함성을 지르며 성문을 열고 나가 닥치는 대로 적을 넘어뜨렸다. 몽골군은 산산이 흩어져 달아났고 처인성 전투는 몽골 항전에서 가장 빛나는 싸움으로 기록되었다.

탐라 전투

“개경으로 돌아갑시다.”

“개경으로 돌아가는 것은 몽골에게 항복하는 것이니 안 됩니다.”

고려가 강화도로 서울을 옮긴 것은 몽골의 2차 침입이 있던 1232년 6월이었다. 오랑캐들과 끝까지 싸우겠다는 고종 임금의 의지 때문이었다. 그러나 임금과 정권이 바뀌면서 생각이 달라졌다. 이미 몽골의 지배를 받고 있는 마당에 굳이 그럴 필요가 없다는 주장이 나온 것이다. 고종의 뒤를 이은 원종 임금의 생각도 그러했고 문신들도 임금과 비슷한 의견이었다. 그러나 무신들의 조직인 삼별초는 적극 반대를 하며 나섰다.

사실 고려가 서울을 강화도로 옮긴 것은 내륙국인 몽골이 바다 싸움에 약하다는 것을 알고 몽골과 끝까지 싸우기 위함이었다. 그런데 다시 개경으로 돌아간다는 것은 몽골과 싸우겠다는 상징적인 의지를 접는 것이었다.

결국 1270년 5월부터 원종이 개경에 머무르게 되자 삼별초의 대장 배중손은 왕족인 온을 왕으로 받드는 별도의 정부를 세우고 반란을 일으켰다. 삼별초는 1,000여 척의 배에 군사와 백성을 태우고 진도로 가서 몽골에 끝까지 항쟁할 것을 결의하였다.

고려에 주둔하며 조정에 막강한 영향을 끼치고 있던 몽골군은 삼별초의 존재에 불안을 느끼고 결국 원종에게 삼별초 토벌을 요청하게 되었다. 결국 고려 조정은 1271년 5월, 고려와 몽골의 연합군을 조직하여 진도를 공격하게 되었다.

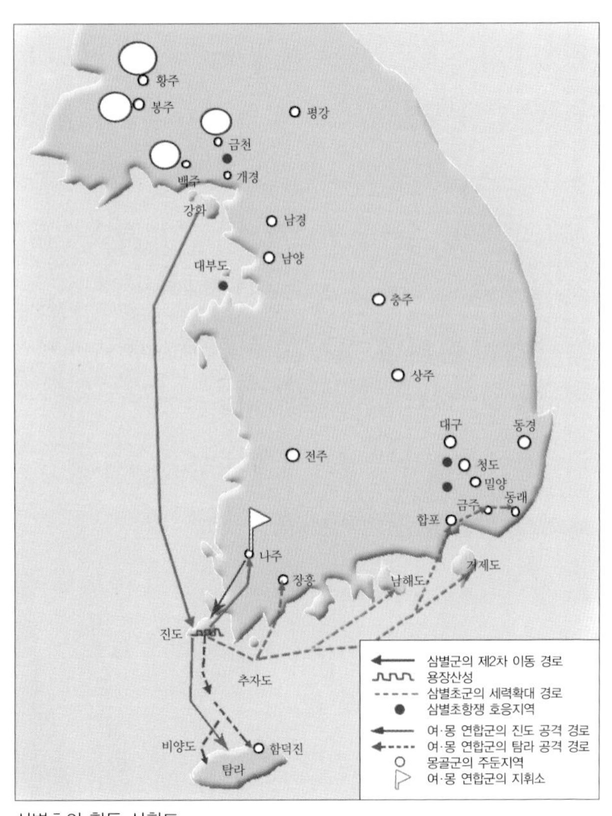

삼별초의 활동 상황도

삼별초는 용감히 싸웠다. 그러나 몽골의 최신 화약무기를 당해내기에는 역부족이었다. 삼별초를 이끌던 배중손이 장렬히 전사했고 삼별초가 왕으로 모셨던 은 역시 무참히 죽었다. 배중손의 뒤를 이은 지휘관 김통정은 진도에서 계속 수비하는 것은 한계가 있다고 판단하여 나머지 군사를 이끌고 제주도로 옮겨 끝까지 싸우기로 하였다.

삼별초는 제주도에 도착하자마자 300여 리에 걸친 장성을 쌓아 공격에 대비하였다. 짐작했던 대로 1273년 4월에 삼별초를 섬멸하려는 고려와 몽골의 연합군이 제주도에 상륙하였다. 고려군 6,000명에 몽골군 6,000명을 합친 1만 2,000명의 군사였다. 삼별초는 민족 자주를 위해 물러서지 않고 싸우다 죽기를 다짐하고 있었다.

먼저 삼별초의 지휘본부가 집중적인 공격을 당했다. 삼별초는 한라산의 산기슭과 바위틈에 숨어서 유격전으로 대항했지만 역부족이었다. 죽음을 각오하고 버틴 삼별초는 거센 공격 앞에서 약 20일 만에 완전히 진압되었다. 삼별초를 이끌던 김통정은 자결로써 비통한 최후를 마쳤다.

함종 전투

"붉은 수건을 쓴 도적떼가 몰려온다!"

평양 이북이 공포에 휩싸였다. 홍건적이 고려에 침입한 것이다. 1359년(공민왕 8) 12월이었다.

홍건적은 몽골족이 세운 원나라에 반대하는 중국 사람의 집단이었다. 머리에 붉은 천을 둘러 서로를 구분하였으므로 홍건적이라는 이름이 붙었다. 이들이 원나라 여기저기서 반란을 일으키자 원나라 군사들이 토벌에 나서게 되었고, 원나라 군사들에게 쫓기던 홍건적이 여기저기로 몰려다니다가 만주를 통해 고려에 침입한 것이다.

4만 명에 가까운 홍건적이 얼어붙은 압록강을 건너 일시에 평양 이북을 점령했다. 홍건적은 강한 무기를 지니고 있었고 전쟁에도 능했다. 붉은 천을 두른 것부터 무서운 인상이었는데 큰 칼을 지니고 다녔기 때문에 보는 이에게 더욱 공포를 주었다.

홍건적의 정체를 알게 된 나라에서는 이듬해 1월에 2만 명의 군사를 동원해 홍건적이 점령한 평양성을 공격하였다. 고려군의 공격에 우왕좌왕하던 홍건적은 1만 명의 군사를 잃고 평양을 떠나 함종(지금의 평안남도 강서군) 방면으로 달아나기 시작하였다.

평양성에서 승리를 거둔 고려군은 장군 안우에게 총사령관인 도만호의 지위를 주고 장군 이방실을 상만호에 임명하여 함종성의 홍건적을 몰아내도록 하였다. 마침내 2월 15일, 고려군의 함종성 공격이 시작되었다. 공성무기를 총동원한 공격이었지만 고려군보다 병력이 많은 홍건적이 끈질기게 버텨냈다.

치열한 공방전 끝에 함종성이 고려군에게 점령되고 홍건적은 2만 명의 군사를 잃었다. 고려군의 큰 승리였다. 남은 홍건적 1만여 명은 압록강까지 쫓기면서 추격하는 고려군의 공격을 받았다. 달아나던 적장 심랄과 황지선이 안우의 기병에게 사로잡혔고 살아서 압록강을 건넌 자는 불과 300여 명이었다고 한다.

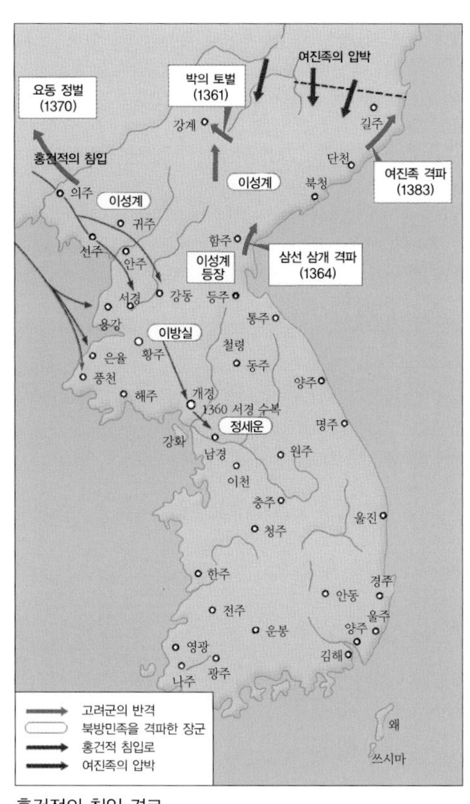

홍건적의 침입 경로

개경 전투

1361년(공민왕 10) 10월 20일에 홍건적이 다시 압록강을 건너왔다. 이번에는 1차 침입 때의 다섯 배나 되는 20만 명의 무리였다.

"저 붉은 수건 쓴 도적떼가 또 왔네."

백성들은 다시 한 번 피난길에 올라야 했다.

이 엄청난 도적떼는 단번에 평안도를 휩쓸고 내려와 11월에는 황해도 자비령의 고려군 방어선까지 뚫는 등 그야말로 파죽지세였다.

서울인 개경 코 앞까지 홍건적이 닥치자 도성 사람들도 몸을 피하게 되었다. 공민왕도 나라 걱정을 하며 경상도 안동으로 피난을 떠났다. 곧 개경까지 홍건적의 손에 들어가게 되었다. 남부지방을 제외한 전 국토가 홍건적의 약탈로 아우성이었다.

12월에 안동에 도착한 공민왕은 원수 정세운을 총사령관인 총병관에 임명하고 군사 20만 명을 주어 개경을 도로 찾으라는 명령을 내렸다. 이듬해인 1362년 1월 17일, 개경성에서 홍건적을 내쫓기 위한 전투가 시작되었다. 원수 이방실, 안우, 김득배 등과 최영, 이성계 등이 힘을 모아 개경성을 포위하고 공격을 시작하였다. 이 날은 진눈깨비가 내리는 날이어서 공격하는 고려군이나 방어하는 홍건적 모두 힘든 싸움이었다.

격전 끝에 고려군이 개경의 성문인 숭인문을 뚫은 것은 18일 새벽이었다. 성문이 뚫리면서 고려군이 성내로 밀어닥치자 홍건적은 중앙에 만들어 둔 방책 안으로 들어가 저항을 계속하였다. 그러나 고려군의 돌격부대에 의해 홍건적의 방책도 곧 무너지고 동북면 상만호 이성계의 손에 홍건적의 두 두목 사류와 관선생이 사로잡혔다. 총사령관 정세운은 홍건적의 기를 꺾기 위해 두 두목의 목을 잘라 적군이 보는 앞에다 내걸며 외쳤다.

"두 적장을 베었다!"

두 두목의 목이 고려군 진영에 걸려 있는 것을 본 홍건적은 크게 위축되며 퇴로를 찾기 시작했다. 이 전투에서 홍건적 20만 명 중 절반인 10만 명이 목숨을 잃고, 나머지 10만 명이 개경을 빠져나와 압록강으로 도망쳤다. 이후 홍건적은 더이상 고려를 넘보지 못하게 되었다.

홍산 대첩

1376년(우왕 2)에 서해안 일대로 침입한 왜구가 금강을 따라 올라와서 공주를 점령했다. 조정에서는 긴급히 대책 회의가 열렸다.

"바다 건너온 왜놈의 해적을 내 손으로 쓸어버리겠습니다!"

대책 회의 중 왜구 소탕 작전에 나가기를 자원하는 이가 있었다. 명장으로 손꼽히던 장군 최영이었다.

최영은 수많은 전쟁에 나가서 적을 쳐부순 당대 제일의 군인이었다. 물론 왜구를 치러 나선 것도 처음이 아니었다. 공민왕 때에 황해도 장연에 침입한 왜구의 배 400척을 물리친 일을 비롯해 수많은 공적이 있었다. 그러나 문제는 최영이 환갑에 이른 노장군이어서 전투에 나가기엔 무리라는 것이었다.

최영의 이야기를 들은 우왕은 고민에 빠졌다. 왜구를 소탕하자면 뛰어난 장수가 필요한데 어떤 적과 맞붙어도 승리를 책임질 수 있는 장수는 최영밖에 없었다. 결국 우왕은 출정 명령을 내렸고 최영은 군사를 이끌고 왜구가 점령한 지역으로 향했다.

왜구는 부여의 홍산에 진을 치고 있었다. 홍산은 삼면이 높은 절벽으로 둘러싸였고 오직 한 가닥의 길만 뚫려 있는 험준한 곳이었다. 왜구는 이 천연의 요새를 바탕으로 고려군을 공격할 생각이었다.

홍산에 이른 최영은 부하 장수들과 작전 계획을 짰다.

"왜구들은 날쌘 도적떼이니 힘이 빠지도록 기다릴 것이 아니라 갑자기 들이쳐서 처음부터 기운을 꺾어야 할 것이오. 돌격전으로 시작하되 날쌘 군사를 앞세우시오. 내가 맨 앞장을 서겠소."

왜구들이 절벽에 둘러싸인 홍산에 자리했지만 기습을 당할 경우 달아날 곳이 없어서 오히려 독안에 든 쥐가 될 것이라는 생각이었다.

최영 장군의 홍산 대첩 기록화

"돌격이다. 쳐부수어라!"

최영이 앞장서 군사들을 독려했다. 기습을 당한 적은 갈팡질팡하며 쓰러졌다.

이때 숲속에 매복해 있던 왜구가 공격 선봉에 선 최영을 향해 화살을 날렸다. 화살은 그대로 최영의 입술에 명중했고 사방에 피가 낭자했다. 그러나 최영은 놀라지 않았다. 자신을 쏜 적에게 활을 겨누어 쏘아 죽인 후에야 입술에 박힌 화살을 뽑았다.

노장의 침착하면서 날쌘 모습을 본 부하 장수와 병사들은 더욱 용기가 솟았다. 절벽 아래와 산모롱이에 적의 주검이 쌓여갔다. 죽기를 각오하고 공격하는 고려군의 모습에 기가 꺾인 왜구들은 제대로 싸워보지도 못하고 홍산 골짜기를 피로 물들였다.

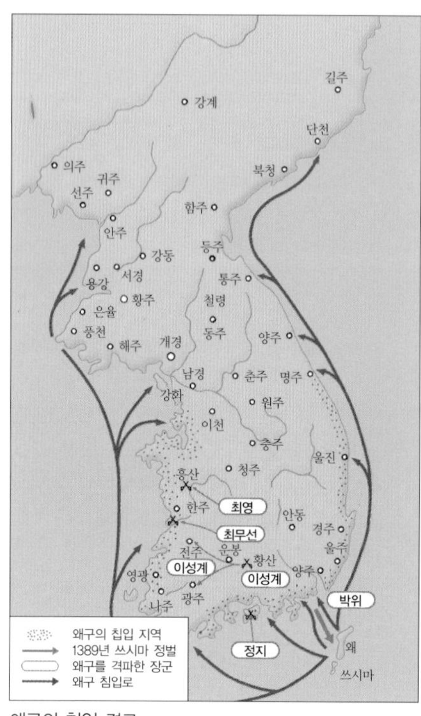

왜구의 침입 경로

결과는 고려군의 대승리였다. 이로부터 왜구들은 최영을 '백수 최만호'라 부르게 되었다. 나이는 많아도 슬기와 용기가 뛰어난 장군이라는 뜻이었다.

진포 대첩

'왜구'는 일본의 해적 패거리를 가리키는 말이다. 이들 해적 패는 삼국 시대부터 우리나라 해안에 나타나 노략질을 하곤 했다. 고려 말에 와서는 100척 이상의 배를 이끄는 패거리 도적떼로 규모가 커져서 정부에서 세금으로 거두어들이는 곡식을 훔치고 사람을 죽이기도 했다. 심지어는 육지로 올라와 왕릉을 도굴하기도 하였다.

"왜구를 무찌르는 데에는 화약 무기가 필요합니다. 나라에서 화약과 화약 무기를 만드는 관청을 마련해 주십시오."

이렇게 나라에 건의하는 이는 화약 발명가 최무선이었다. 최무선의 끊임없는 건의를 들은 우왕은 결국 1377년에 화약과 화약 무기를 제조하는 관청인 화통도감을 설치하고 그 책임자로 최무선을 임명했다.

최무선은 임금의 명을 받들어 화통도감에서 화약 무기 개발에 몰두했다. 대장군포, 육화포, 석포, 화통, 철령전 등 열여섯 가지의 화포를 만들고 『화약수련법』 및 『화포법』 등의 책을 짓기도 했다.

그렇게 3년이 지난 1380년, 2만 명의 왜구가 500여 척의 배를 타고 금강 하류인 진포에 나타났다는 급보가 왔다. 나라에서는 나세를 도원수에, 최무선을 부원수에 임명하여 왜구를 공격하도록 하였다. 신무기를 실험해 볼 좋은 기회가 온 것이었다.

왜구의 배는 500여 척인데 비해 고려의 싸움배는 100척에 불과했다. 그러나 고려군은 화약 무기로 무장하고 있었기 때문에 승리에는 자신이 있었다. 자신들의 병력이 훨씬 많은 것을 믿은 왜구는 마음 놓고 고려군의 배로 접근하고 있었다. 그때 고려군의 배에서 화포가 발사되었다.

"쾅, 쾅, 쾅, 쾅!"

왜구의 선박이 순식간에 조각나면서 활활 불이 붙었다. 질겁을 한 왜구들은 빨리 달아나려고 갈팡질팡하였다. 하지만 왜선들은 여러 척이 하나의 줄로 이어져 있기 때문에 움직임이 둔해 화포를 피하기가 쉽지 않았다.

"쾅, 쾅, 쾅, 쾅!"

고려군의 배에서 계속 화약무기가 불을 뿜었다. 불 붙은 왜선은 가라앉기 시작했다. 왜선에 탔던 2만 명의 왜구들 중에는 육지로 헤엄쳐 나온 자만 겨우 살아남아 도망쳤고 나머지는 모두 배와 운명을 같이했다. 500여 척의 왜선은 한 척도 남지 않았다.

황산 대첩

1380년 진포에서 고려군에게 크게 패한 왜구는 금강 상류의 경상도 내륙으로 들어갔다가 지리산 기슭의 전라도 남원 황산 일대에서 약탈을 일삼고 있었다. 왜구의 만행이 계속되자 고려 조정은 장군 이성계에게 군사를 주어 왜구를 완전히 토벌하도록 하였다.

이성계는 군사를 이끌고 황산으로 향했다. 황산은 남원 일대 교통의 요충지로 산세가 험한 지리산 근처에 있기 때문에 군사적으로 중요한 지점이었다.

고려군의 선제공격으로 시작된 황산 대첩은 왜구의 완강한 저항으로 고전을 거듭했다. 왜구는 험준한 지형의 산 위에 진을 치고 고려군의 공격을 막아냈다. 이성계가 탄 말이 화살에 맞아 두 번이나 거꾸러졌고, 이성계도 다리에 화살을 맞았다.

당시 왜구 무리를 이끌고 있던 이는 아지발도라는 소년 장수였다. 고려군의 선봉장 이지란이 그 어린 장수를 얕보고 대항하였으나 이기기가 쉽지 않았다. 이를 본 이성계가 아지발도의 얼굴을 향하여 활을 쏘았지만 아지발도는 번번이 칼로 화살을 받아쳐서 부러뜨렸다.

그러자 이성계는 꽹과리를 쳐서 군사를 불러들이고 숨을 돌리게 한 뒤 작전 회의를 열었다.

"내가 보기에 저 소년은 비상한 인물이오. 죽이기는 참 아깝지만 항복할 것 같지는 않으니 도리가 없소. 그렇다고 정면으로 부딪혀 이기기는 쉽지 않으니 꾀를 써야겠소. 저 한 놈만 없다면 왜구는 무너질 것이오."

이성계는 이지란에게 약간의 지시를 내렸다.

이튿날 다시 전투가 시작되었다. 이성계는 활을 잘 쏘는 사수 서너명에게 아지발도를 집중적으로 쏘라고 하며 이지란과 함께 뒤에서 가만히 지켜보았다. 아지발도가 날아드는 화살을 칼로 치고 피하기에 바쁜 틈을 타 이지란이 그의 투구를 향해 화살을 쏘았다.

황산대첩비

"딱!"

아지발도는 화살이 투구에 맞는 소리에 깜짝 놀라서 입을 벌렸다. 그 순간 이성계가 아지발도를 향해 화살을 날렸고 그 화살은 그대로 아지발도의 목구멍을 꿰뚫었다. 결국 그는 말에서 떨어져 죽고 말았다. 이성계의 지략이 아지발도를 죽인 것이었다.

소년 장수 아지발도를 믿고 그를 따라 싸우던 왜구는 대장을 잃자 싸울 힘도 잃고 말았다. 고려 군사들은 이 기회를 놓치지 않고 왜구에게 더욱 강한 공세를 가해 큰 승리를 거두었다.

어느 기록에 따르면 왜구의 시체가 언덕을 이루고 피가 내를 이루어 6~7일이나 흘렀다고 한다. 이 싸움에서 목숨을 건져 도망간 왜구는 70여 명에 불과했다.

대마도 정벌

"왜구의 본거지는 대마도입니다. 왜구의 뿌리를 뽑기 위해서는 이 섬을 정벌해야 합니다."

고려의 신하들은 왜구를 남김없이 무찌르기 위해 대마도를 공격해야 한다고 주장하였다. 대마도는 부산에서 120리(약 50km) 정도밖에 떨어지지 않은 일본 섬으로 일본에서는 '쓰시마', 우리나라에서는 '대마도'라 불렀다.

이곳은 왜구의 본거지였다. 긴 칼로 무장한 왜구들은 이 섬에서 배를 타고 우리나라 해안에 상륙하여 갖은 노략질을 일삼았다. 이들의 노략질은 날이 갈수록 심해져 우왕이 왕위에 있던 14년 동안 왜구의 침입이 무려 374회를 기록할 정도였다. 결국 견디다 못한 고려 조정은 왜구의 본거지인 대마도를 정벌하기로 했다.

조정에서는 경상도 도순문사 박위를 대마도 정벌 원수로 임명하였다. 장군 박위는 왜구들이 미처 생각지 못하는 사이에 대마도를 급습하기로 하고 100척의 배에 군사를 태우고 대마도로 향했다.

1388년(우왕 14) 1월 17일 이른 아침, 대마도에 이른 박위의 군사는 우선 해안에 정박 중인 왜구의 전함에 화포와 불화살을 쏘며 공격을 시작하였다.

"고려군이 쳐들어 왔다!"

배에 불이 붙고 화포 소리가 터지자 잠이 깬 왜구들은 놀라 산으로 달아났다. 왜구의 전함 300여 척은 이미 활활 타오르고 있었다. 왜구의 배는 얼마 지나지 않아 모조리 바다에 가라앉고 말았다.

급습에 성공한 박위는 군사를 상륙시켜 대마도를 샅샅이 뒤졌다. 대마도는 들판이 없고 산골짜기만 있는 섬이어서 꼭꼭 숨은 왜구들이 쉽사리 눈에 띄지 않았다.

그때 어디선가 고려말이 들려왔다.

"고려에서 오신 장군님! 저희들을 살려주십시오!"

박위는 고려말을 쓰는 이들이 반가웠다. 이야기를 들어 보니 이들은 왜구에게 잡혀 온 우리 동포들이었다.

"그동안 얼마나 고생이 되셨소?"

왜구에게 잡혀온 고려인은 무려 100여 명에 달했다. 박위는 이들을 모두 배에 태워 고려로 돌려보냈다.

대마도 정벌은 이틀만에 끝이 났다. 박위의 대마도 정벌로 왜구의 근거지는 여지없이 부서져 그 뒤 얼마동안 고려를 괴롭히지 못하게 되었다.

주요 인물

강감찬(姜邯贊, 948~1031)

고려의 장군. 좋은 집안에서 태어났으나 성품이 검소하여 좋은 옷을 입지 않았으며 재산을 가난한 자에게 나누어 주기도 하였다. 과거에 장원급제했고 백성을 돌보는 데 힘썼다.

1018년, 거란의 소배압이 고려를 침략하자 70세의 나이로 20만 고려군을 총지휘하였다. 흥화진에서 거란군을 크게 물리쳤고 귀주성에서 역시 큰 승리를 거두었다. 승리를 거두고 개경으로 돌아오자 당시 현종 임금이 영파역까지 나와 환영하면서 금으로 만든 꽃을 머리에 꽂아 주었다. 키가 매우 작고 얼굴이 못생겼지만 위엄이 있고 기품이 당당한 사람이었다 한다.

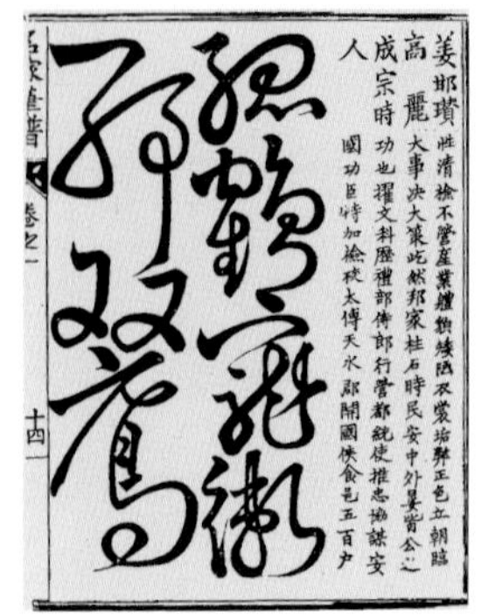

강감찬의 글씨

김부식(金富軾, 1075~1151)

고려의 문신이며 학자. 왕의 두터운 신임을 받은 신하로 어려서부터 닦아온 유교의 교리를 중심으로 나랏일을 보았다. 벼슬길에 올라서도 공부를 게을리 하지 않았으며 글을 잘 쓰는 문장가이기도 하였다. 묘청의 난이 일어나자 군사를 이끌고 서경에 가서 난을 평정하였다.

우리나라 사람들에게 우리 역사를 알리기 위해 71세까지 50권에 달하는 삼국사기를 썼다. 삼국사기는 지금 우리나라에 남아 있는 역사책 중 가장 오래 된 것이다. 그러나 김부식의 삼국사기 등에는 중국을 숭상하는 사대주의자의 면모가 드러나 있어 아쉬운 마음이 들기도 한다.

김윤후(金允侯, ?~?)

고려의 승병장. 수도승 생활을 하다가 몽골이 침입하자 승병장으로 나섰다. 1232년 처인성에서 몽골군의 원수인 살리타를 죽이는 전과를 올리고 몽골군을 물리쳤다. 전쟁이 끝난 후 나라에서 공훈을 인정하여 상장군에 임명했으나 사양하고 다시 수도승 생활을 했다. 하지만 나라가 거듭 위기에 놓이자 충주산성을 지키는 충주산성 방호별감이 되었다. 그리고는 충주에 침입한 몽골군과 70일간 전투를 벌여 물리쳤다. 몽골과의 30년에 걸친 전쟁 중 가장 빛나는 전과를 올린 장수로 칭송을 받았으며 나라를 지키는 높은 지위에 있다가 물러났다.

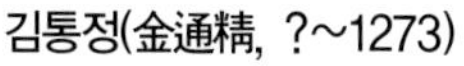

김통정(金通精, ?~1273)

고려 삼별초의 장수. 배중손과 같이 남해 일대를 장악하고 몽골 세력에 반항하였다. 1271년 고려와 몽골의 연합군이 진도에 쳐들어와 배중손이 전사하자 남은 삼별초 군사를 이끌고 제주도로 가서 항전했다. 1273년 제주도에서 고려와 몽골의 연합군에게 패하여 자결하였다.

묘청(妙淸, ?~1135)

고려 때 풍수지리 도사. 예언가. 풍수지리설을 앞세워 서경(평양)으로 서울을 옮길 것을 인종 임금에게 권하였다. 평양에 대화궁을 짓고 서경 천도가 이루어지려는 참에 반대자들에 의해 뜻을 이루지 못하게 되자 새로 나라를 세우겠다며 반란을 일으켰다. 반란은 1년 만에 진압되었고 그도 부하의 손에 죽었다.

묘청은 인종에게 임금의 호칭을 왕이 아닌 황제로 하고 중국 연호를 쓰지 말고 우리나라의 연호를 지어 쓰자고 건의하였다. 이러한 점으로 보아 묘청은 자주적인 인물로 평가되기도 한다.

박서(朴犀, ?~?)

고려의 무신. 서북면 병마사로 있을 때 몽골의 장수 살리타가 침입하였다. 귀주성에서 몽골군과 싸워 살리타의 군사를 물리쳤다.

고려 조정과 강화를 맺은 살리타를 눈 앞에 두고도 어쩔 수 없어서 몽골과의 싸움을 그만두었다. 후에 벼슬이 문하평장사에 이르렀다.

배중손(裵仲孫, ?~1271)

고려 삼별초의 장수. 고려 원종 임금이 몽골 세력에 무릎을 꿇자 강화도에서 삼별초를 이끌고 항쟁을 일으켰다. 왕족인 온을 고려의 왕으로 모시고 진도로 옮겨가서 해상 왕국을 건설, 몽골에 항거하는 본부로 삼았다. 1271년 고려군과 몽골군을 상대로 끝까지 싸우다가 전사하였다.

서희(徐熙, 942~998)

고려의 문신. 993년 거란이 쳐들어오자 중군사(중군의 사령관)가 되어 싸움터로 떠났다. 거란의 군사가 워낙 많아서 전쟁이 불리하다는 의견이 많아지자 조정에서는 평양 북쪽 땅을 거란에게 내어주고 화의를 맺자는 의견이 나왔다. 그러나 서희는 이를 반대하고 적장 소손녕과 담판을 지어 거란을 물러가게 하였다.

994년, 서희는 왕의 북진 정책을 실현하기 위해 청천강 북쪽의 여진족을 몰아내고 성을 쌓아 오늘날의 평안북도 일대 땅을 확보하였다.

소손녕과 담판하는 서희. 민족기록화.

안우(安祐, ?~1362)

고려 공민왕 때의 장군. 1359년에 홍건적이 침입하자 함종성에서 큰 승리를 거두었다. 뿐만 아니라 달아나는 적을 추격하여 적장 심랄, 황지선 등을 사로잡는 전과를 올렸다.

1361년 홍건적의 제2차 침입 때에는 상원수가 되어 20만 홍건적을 대파하고 도원수의 자리에 올랐다.

윤관(尹瓘, ?~1111)

고려의 장군. 1104년 여진 정벌에 나섰다가 여진의 강한 군사력을 보고 숙종 임금께 건의하여 특수부대 '별무반'을 조직했다.

1107년, 여진 정벌군 원수가 되어 17만 대군을 이끌고 함경도 정주성에서 여진의 근거지를 정벌하고 영토를 넓힌 후 9성을 쌓았다. 예종 임금은 윤관에게 문하시중의 지위를 내려 공로를 치하했다.

이방실(李芳實, ?~1362)

고려 공민왕 때의 무신. 1359년 홍건적이 침입했을 때 안우 등과 함께 함종성 전투에서 공을 세워 공신이 되었다. 1361년 홍건적의 2차 침입 때에도 도지휘사가 되어 상원수 안우와 함께 20만 명의 적을 무찔렀다. 황건적에게 점령당한 개경을 다시 빼앗을 때에 최영 등과 협력하였다.

이성계(李成桂, 1335~1408)

고려의 장수. 훗날 조선을 건국해 왕이 되었다.

1362년 홍건적의 제2차 침입 때 개경 전투에서 세운 공로를 인정받아 이듬해에 동북면 병마사가 되었다. 원나라 세력과 여진족을 무찌르기도 했다. 1388년 명나라를 공격하라는 명령을 받고 원정을 나섰다가 압록강 위화도에서 군사를 되돌렸다. 고려의 세력을 몰아내고 새 왕조 조선을 세웠다.

이지란(李之蘭, 1331~1402)

고려 말기, 조선 초기의 신하. 원래 여진족이었지만 공민왕 때 귀화하여 고려의 벼슬을 살면서 이씨의 성과 지란이라는 이름을 쓰게 되었다. 원래의 성은 '퉁'이며 이름은 '쿠란투란티무르'였다. 무관으로 이성계를 도와 활동하다가 이성계가 조선을 세우는 데에 큰 역할을 했다. 제1차 왕자의 난과 제2차 왕자의 난을 평정하였고 이성계가 왕에서 물러나 영흥으로 돌아가자 그를 시종하다가 스님이 되었다.

정세운(鄭世雲, ?~1362)

고려 공민왕 때의 무신. 공민왕을 따라 원나라에 다녀와서 대호군이 되었다. 이어서 참지정사에 오르고 1362년 2차 홍건적 침입 때 총사령관인 총병관이 되었다. 홍건적의 손에 든 개경을 되찾는데 큰 공을 세웠다. 그 공으로 호종공신이 되었으나 간신 김용의 흉계로 안우에게 죽었다.

정중부(鄭仲夫, 1106~1179)

고려의 무신. 지체가 낮고 가난한 집에서 태어나 인종 때에 군인이 되었고 의종 때에 상장군에 올랐다. 그러나 의종 임금이 무신들을 차별하자 이의방 등과 뜻을 모아 무신의 난을 일으키고 정권을 장악했다. 정중부는 곧 의종을 몰아내고 그의 동생 명종을 왕위에 앉힌 후 권력을 휘둘렀다. 김보당이 의종을 다시 왕위에 올리려는 반란을 일으키자 반란을 진압하고 의종을 죽였다.

1174년 조위총이 무신 정권에 반대하고 난을 일으키자 2년 동안 반란 진압을 지휘하였다. 70세에 같은 무신인 경대승의 손에 죽었다.

조위총(趙位寵, ?~1176)

고려의 문신. 병부상서와 서경유수를 겸한 지위에 있었다. 정중부, 이의방 등이 일으킨 무신 정변을 견디다 못해 1174년 서경에서 반란을 일으켰다.

반란에 동조하는 평안도와 함경도 일대 40여 성의 군사들과 함께 약 2년간 정부군과 산발적인 전투를 벌였다. 위기에 이른 조위총은 금나라에 구원을 청했으나 이루어지지 않았고 개경에서 정부군에게 사로잡혀 죽었다.

최무선(崔茂宣, ?~1395)

고려 말기의 화약 발명가. 원나라 사람에게 화약 제조법을 배운 후 여러 번 나라에 권해 화통도감을 설치하고 그 책임자가 되었다. 화약을 제조했으며 화포 등 여러 화약 무기를 발명했다.

1380년 왜구가 금강 하류 쪽으로 침입하자 화포 등 화약 무기를 이용해 큰 승리를 거두었다. 그 뒤 왜구가 나타날 때마다 최무선의 화약 무기를 사용하였다.
또한 『화약수련법』, 『화포법』 등의 책을 엮어 화약 무기 사용을 장려하였다. 이런 공로를 인정받아 공신이 되었고 조선 개국 후에도 나라를 지키는 데 힘썼다.

최영(崔瑩, 1316~1388)

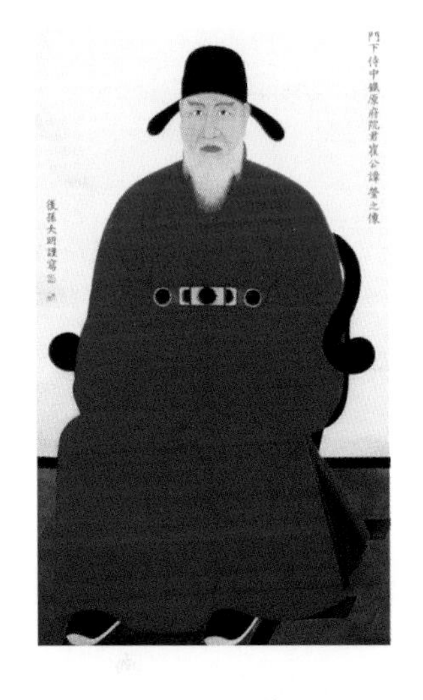

고려 말기의 명장. 1358년 장연에 침입한 왜구를 무찔렀고 1376년 홍산에 침입한 왜구를 토벌하였으며 1378년 이성계 등과 같이 개경 가까운 풍덕에 침입한 왜구를 물리쳤다. 이외에도 나라를 어지럽히는 숱한 반란을 진압하였다. 1362년 홍건적을 상대로 한 개경 전투에서 공을 세워 공신이 되었다. 한때 요승으로 알려진 신돈의 모함을 입기도 하였으나 신돈이 처형된 뒤에는 나라의 요직을 맡게 되었다.
명나라가 철령 이북의 땅을 요구하자 명나라를 공격하기로 하고 군사를 일으켰으나 이성계가 위화도에서 군사를 되돌려 뜻을 이루지 못하였다. 이성계 일파에 의해 죽으면서 “내가 나라를 위해 큰일을 도모하다가 뜻을 이루지 못하고 죽으니 무척이나 원통하다. 나는 나라를 위한 충성만으로 일을 하였다. 내 말이 사실이라면 내 무덤에 풀이 나지 않을 것이다.” 하는 말을 남겼다. 그 말대로 그의 무덤에는 풀이 나지 않아 ‘붉은 무덤’이라 부르고 있다.

무기

| 공성 무기 |

검차

수레의 앞부분에 방패를 설치하고 검을 꽂아 만든 무기. 1010년(현종 1) 거란이 침입하였을 때 기병의 돌격을 저지하기 위한 대비책으로 개발되어 큰 효과를 보았다. 두 개의 바퀴를 이용해 움직이는데 멈추었을 때는 접어 두었던 두 바퀴를 꺼내 네 바퀴로 차체를 고정시켰다.

운제

성을 공격할 때 사용한 높은 사다리차. 구름에 닿을 만큼 높다고 하여 붙여진 이름이다. 중국 춘추전국시대에 개발되어 청나라 말기까지 계속 사용하였고 우리나라는 고려 시대까지 사용한 기록이 있다. 아래쪽 공간에 사람이 들어가 운제를 움직인다. 바깥쪽에는 적의 화공火攻에 견딜 수 있게 소가죽을 붙이기도 했다.

운제(복원품)

| 타격 무기 |

곤봉

몽둥이에 칼을 꽂아 만든 타격 무기로 다양한 모양이 있다. 창의 길이를 줄여 창과 비슷하게 만든 것은 수殳, 막대기 모양인 것은 정梃, 몽둥이 모양인 것은 오吾, 도리깨 모양은 부棓라 하고 이 모두를 아울러 곤봉棍棒이라 했다. 단단한 나무를 재료로 만드는데 머리 부분을 철로 감싸거나 칼날을 붙이기도 하고 철로 된 침을 달기도 했다.

장군포 / 대장군포

고려 말에 개발된 화포. 조선의 『태조실록』에 고려 말 최무선의 건의로 화약국이 설치되고 장군포와 대장군포 등을 만들었다는 기록이 나온다. 현재 조선 시대에 사용하던 길이 124.5cm의 대장군포가 전해진다. 그러나 현재 전하는 대장군포가 고려 말에 만들어진 대장군포와 동일한지의 여부는 알 수 없다.

주화

고려 말에 개발된 로켓 무기. 달리는 불이라는 의미로 주화走火라는 이름이 붙었다. 최무선이 화통도감에서 제조한 우리나라 최초의 로켓 무기다. 그러나 구조와 크기에 대한 기록이 정확히 남아 있지 않다. 조선 시대에 개량을 거듭하여 1448년 신기전神機箭으로 이름이 바뀌었다.

철신포

고려 때부터 사용하던 신호용 화포. 군사상 여러 목적으로 신호를 보낼 때 썼고 흐리거나 비

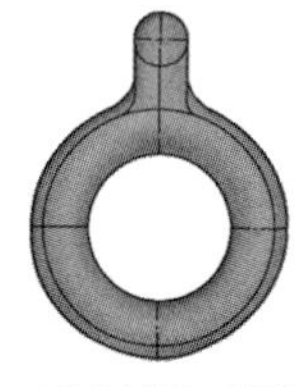
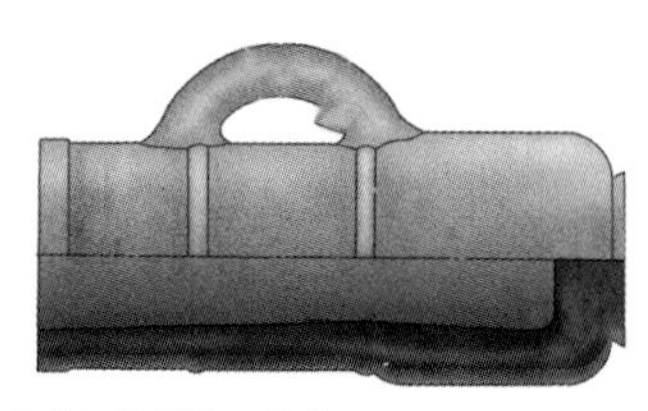

조선시대의 기록을 토대로 한 철신포 설계도

오는 날 봉화를 대신하여 사용하기도 했다. 최무선이 화통도감에서 발명하였다.

| 활 |

요개노

시위를 허리띠에 연결한 후 발을 대고 잡아당겨 화살을 장전하는 방식의 쇠뇌. 보다 강한 힘을 내기 위해 팔의 힘과 허리의 힘을 함께 실어 장전할 수 있도록 한 것이 특징이다.

화전

불을 붙여 쏘는 화살. 고려 말에 화약이 발명된 이후 개발되어 조선 시대까지 계속 사용하였다. 화살촉 아래 부분에 화약을 달고 점화선에 불을 붙인 후 발사하였다.

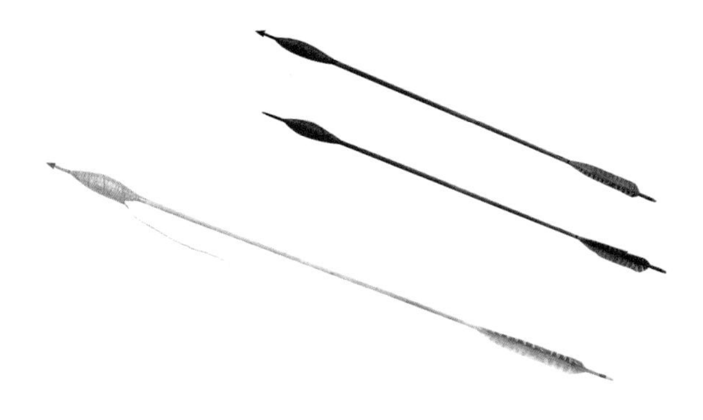

방어구

| 갑옷 |

경번갑

쇠미늘과 쇠고리를 연결하여 만든 갑옷. 삼국 시대의 철갑옷보다 간편한 갑옷이다. 정확한 제작시기는 알 수 없지만 고려 시대에 사용하였던 것으로 보인다. 현재 고려 말기 정지鄭地 장군이 입고 왜구를 물리치던 갑옷이 전해진다. 이 갑옷의 쇠미늘은 세로 7.5~8cm, 가로 5~8.5cm로 주위에는 구멍을 뚫어 지름 1cm 정도인 쇠고리를 끼우게 되어 있다.

복원한 경번갑

경번갑을 착용한 모습

쇄자갑

철사로 만든 작은 원형의 고리를 서로 꿰어 만든 갑옷. 일반 갑옷보다 가볍고 바람이 잘 통했으며 창이나 화살에 대한 방어력도 우수했다. 우리나라에는 고려 시대의 것이 전해지며 중국에서는 당나라 때부터 착용하여 명나라 말기까지 착용하였다.

복원한 쇄자갑

군함

과선

적이 배에 오르지 못하도록 뱃전에 단창이나 단검을 꽂은 배. 고려 초 해로를 통해 동해안 일대를 침입하는 여진족을 물리치기 위해 사용하였다. 여진족은 해전에 강하고 특히 배에 뛰어들어 백병전을 펼치는 경우가 많아 뱃전에 단창이나 단검을 꽂았다. 정확한 크기는 알려진 바 없지만 대형 선박이었을 것으로 추정된다.

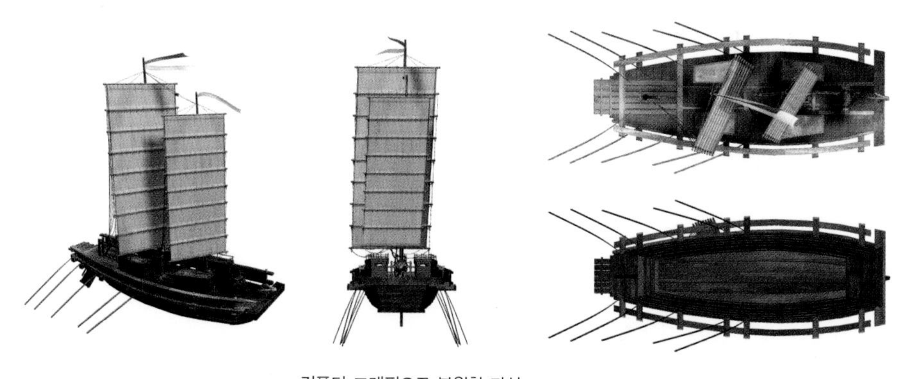

컴퓨터 그래픽으로 복원한 과선

검선

적이 배에 뛰어들지 못하도록 뱃전에 짧은 창칼을 꽂아놓은 배. 과선의 맥을 이은 소형 배로 창검선이라고도 부른다. 『고려사절요』에 1377년 왜구와 싸우던 손광유孫光裕가 검선을 타고 빠져나왔다는 기록에서 처음 등장한다. 조선 초기 세종 때에도 왜구 격퇴에 사용하였다는 기록이 있다. 조선 초기 이후에는 기록이 없는 것으로 미루어 군선을 개량하며 점차 쇠퇴한 것으로 추정된다.

5 조선 시대

조선 초기에는 화약을 바탕으로 신무기를 계속해서 만들었고 중국에서 들여온 무기들도 우리나라 사정에 맞게 거듭 개량하였다. 잦은 왜구의 침입은 임진왜란으로 이어져 국가적인 위협으로 다가왔으나 군사와 백성이 힘을 합쳐 7년 동안의 전쟁을 승리로 이끌었다. 왜군이 물러간 이후에도 청나라의 거듭된 공격은 국력이 약해진 조선을 뒤흔들었다. 청나라와 일본의 틈바구니에서 조선은 위태해져만 갔다.

대마도 2차 정벌

조선 시대에 들어와서도 왜구의 침입은 그치지 않았다. 고려 공양왕 때의 대마도 정벌에 이어 조선 조정은 1396년(태조 5)에 김사형을 보내 대마도를 공격하기도 하였다. 그 이후 한동안 잠잠하던 왜구는 태종 말기부터 다시 기승을 부리기 시작했다.

세종 임금이 즉위하자마자인 1419년, 쓰시마 섬에 가뭄이 들어 식량이 부족하게 되자 왜구들은 조선의 남해와 서해를 거쳐 명나라까지 침범하면서 약탈을 자행하였다. 특히 충청도 서천과 황해도 해주 지역의 피해가 심각했다. 놀라운 것은 쓰시마를 다스리는 대마도주 소오 사다모리가 섬사람들에게 해적질을 하도록 부추긴다는 것이었다.

이 해적의 섬을 쳐서 왜구의 뿌리를 뽑아버리자는 것이 세종 임금의 생각이었다. 세종은 이종무를 총사령관인 삼군 도체찰사에 임명하고 장군 이순몽, 박실과 함께 해적의 섬 쓰시마를 정벌하도록 하였다.

이종무는 전함 227척에 군사 1만 7,285명으로 정벌군을 조직해 해적섬 정벌에 나섰다. 1419년 6월 19일이었다.

이튿날 조선의 싸움배가 쓰시마 앞바다에 도착하자 섬사람들이 환영을 나왔다. 저희들 패거리가 해적으로 나가서 빼앗은 물건을 싣고 오는 것으로 착각한 것이다. 그러나 조선의 군사들이 상륙하는 것을 본 섬사람들은 놀라서 줄행랑을 쳤다.

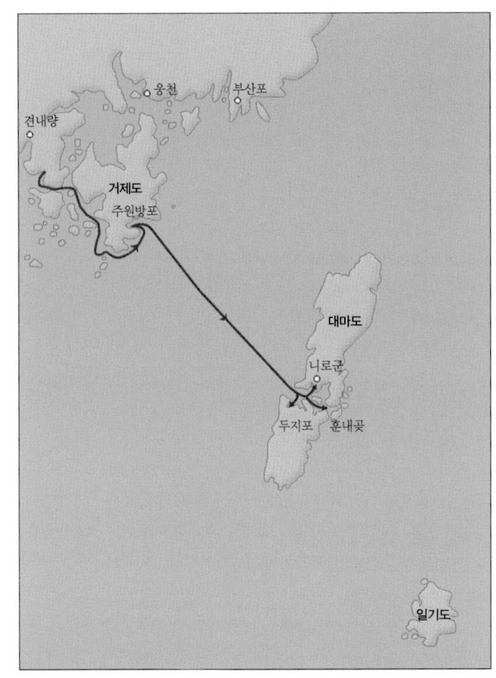

대마도 정벌 상황도

이종무는 열 척의 배를 먼저 상륙시킨 다음 대마도주 소오 사다모리에게 글을 띄웠다.

> 우리 조선은 왜구에게 시달리고 있다. 그래서 왜구가 모여 있는 대마도를 정벌하러 온 것이다. 우리의 우리의 목적은 도주가 해적을 조선에 보내지 않겠다는 다짐을 받는 것인데, 이를 약속하겠는가?

도주 사다모리는 두려워하면서도 회답을 하지 않았다. 그러자 이종무의 공격 명령이 내렸다.

조선군은 화포와 불화살을 앞세워 적선을 공격했다. 해변에 있던 적선 129척이 단숨에 불길에 휩싸였고 왜구 100여 명이 목숨을 잃었다. 사령관 이종무는 왜구의 본거지로 쳐들어가기 위해 상륙 명령을 내렸지만 험한 지형에 매복한 왜군들의 저항도 만만치 않았다.

싸움은 장기전에 들어갈 것 같았다. 그러나 승리할 수 없다는 것을 깨달은 사다모리는 서신을 보내 항복의 뜻을 전했다.

"제가 잘못하였습니다. 앞으로는 절대로 부하를 조선 해역에 보내지 않겠습니다. 약속합니다."

항복 문서를 받아든 이종무가 군사를 이끌고 거제도로 개선한 것은 그해 7월 3일이었다.

여진 정벌

조선 초기에는 압록강과 두만강 일대의 여진족이 자주 국경선을 넘어 소란을 일으켰다. 이들 여진족의 우두머리는 이만주라는 추장이었는데 강한 군대를 바탕으로 조선에 침입해 약탈을 일삼았다. 조선에서는 여진족을 야인이라 불렀다. 야인의 침입을 막기 위해 압록강이 가까운 강계에 군사 주둔지 강계도호부를 두고 있었다.

1432년, 이만주가 거느린 여진족 무리가 국경을 넘어와서 주민의 곡식과 가축을 빼앗고 사람을 붙잡아 가는 사건이 일어났다.

"여진족을 쫓아내고 평안도 백성이 마음놓고 살도록 하라."

세종 임금은 평안도 도절제사 최윤덕에게 여진족 토벌을 명령하였다.

최윤덕은 1433년(세종 15) 4월 10일, 1만 5,000명의 군사를 일곱 부대로 나누어 여진 정벌에 나섰다. 강계도호부를 출발하여 압록강을 건너고 압록강 지류인 훈강 일대의 여진족과 싸워 불과 열흘 동안에 242명을 죽이고 236명의 포로를 붙잡아 조선으

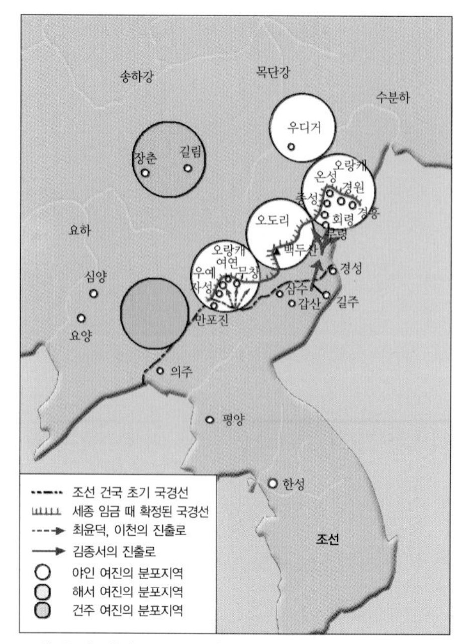

조선 초기 여진족 분포 현황

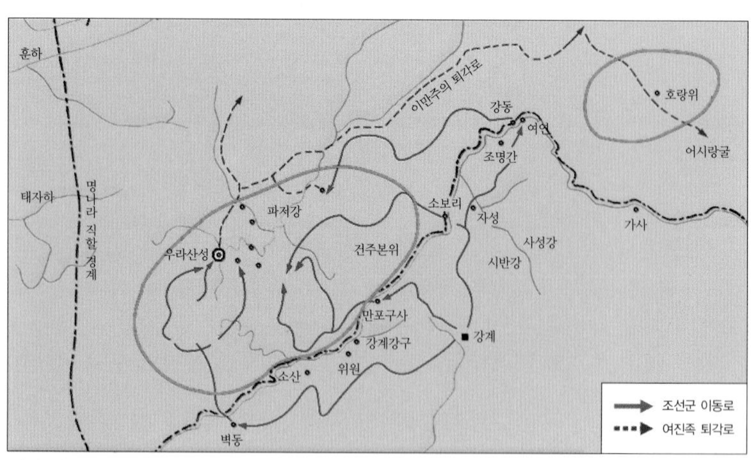

여진 정벌 상황도

로 돌아왔다.

큰 패배를 당한 여진족의 추장 이만주는 조선에 찾아와 잘못을 빌었다.

"저희들의 잘못을 사과합니다. 앞으로는 절대로 조선 국경을 침범하지 않겠습니다. 붙잡아 간 포로를 돌려주십시오"

조선에서는 이만주를 믿고 포로를 돌려보내 주었다. 그러나 이만주는 약속을 지키지 않고 여진의 세력을 다시 규합하여 또 다시 국경지대에서 소란을 일으켰다. 1435년부터 침입이 더욱 잦아지자 세종 임금은 이천을 평안도 병마 도절제사에 임명하여 야인을 토벌하도록 하였다.

1437년 9월 7일, 이천은 8,000명의 군사를 셋으로 나누어 추장 이만주의 근거지를 공격하였다. 이만주는 날쌘 기마병을 앞세워 조선군을 공격했고 이천은 여러 문의 화포로 여진군을 공격하였다.

강하고 날쌘 야인들이었지만 이천의 화포 앞에서는 어쩔 수 없이 무릎을 꿇고 말았다. 크게 패한 이만주는 조선의 국경을 떠나 여진족 무리와 함께 먼 곳으로 옮겨갔다.

이천은 여진족을 몰아낸 땅에 여연, 자성, 무창, 우예 등 4군을 설치하자는 건의를 세종 임금에게 올렸다. 세종이 이를 받아들여 압록강의 중류와 하류 지방이 모두 조선 땅이 되었다.

김종서와 육진

김종서는 '대호(大虎, 큰 호랑이)'라는 별명으로 불리는 세종의 신하였다. 학문과 지략에 뛰어나고 장군 같은 기질과 모습을 갖추고 있기 때문에 아무도 그와 겨룰 수 없다는 의미의 별명이었다. 세종 임금과 김종서는 뜻이 잘 통해 많은 이야기를 나누곤 했다.

1433년(세종 15) 10월, 두만강 일대 여진족의 내분으로 두 부족 간에 싸움이 발생하였다는 정보가 세종 임금에게 보고되었다. 이 사실을 보고받은 세종 임금은 곧바로 김종서를 불렀다.

"야인들 사이에 내분이 생겼다니 아주 좋은 기회인 것 같소. 이 기회에 야인들을 아주 두만강 북쪽으로 쫓아버리시오."

세종은 김종서를 함길도(지금의 함경도) 도관찰사에 임명하여 곧 부임지로 떠나게 하였다. 1433년 12월이었다.

김종서는 임지에 이르자 곧 여진족을 공격해 두만강 북쪽으로 내쫓았다. 그리고는 두만강이 돌아 흐르는 국경지대 여섯 곳에 진을 쌓기로 하였다. 두만강 북쪽으로 쫓겨간 여진족은 자기

들끼리의 싸움으로 조선을 공격할 엄두를 내지 못하고 있었다.

김종서는 이듬해인 1434년 종성 지방에 성을 쌓는 것을 시작으로 8년간 종성, 회령, 경원, 경흥, 온성, 부령의 여섯 곳에 6진을 세워 여진족의 침입을 막았다. 6진의 새로운 땅에는 충청, 전라, 경상도의 농민들을 이주시켜 농사를 지으며 살게 하였다.

튼튼히 쌓은 여섯 진으로 여진족은 두만강 남쪽 땅을 더 이상 침범할 수 없게 되었다.

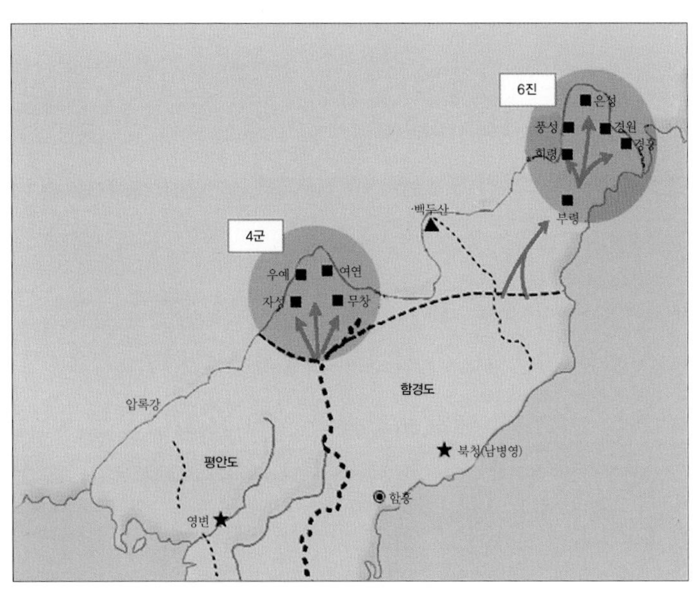

조선 초기에 개척한 4군과 6진

이징옥의 난

조선의 다섯 번째 임금인 문종은 몸이 약하여 왕위에 오른지 2년을 조금 넘겨 세상을 떠났다. 그 뒤를 이어 단종이 여섯 번째 임금이 되었는데 이때 나이가 겨우 열두 살이었다.

어린 단종이 임금 자리에 오르자 단종의 삼촌이자 문종의 동생인 수양대군은 왕위를 빼앗으려는 야욕을 품게 되었다. 차츰 차츰 야망을 키워 가던 수양대군은 황보인과 김종서 등 단종을 받드는 신하들을 모두 죽이고 이들이 역모를 꾸몄다고 단종에게 보고하였다. 이것이 1453년(단종 1)에 있었던 정치비극 계유정난癸酉靖難이다.

계유정난 이후 모든 권력을 손에 쥔 수양대군은 김종서와 뜻을 같이하였던 함길도 도절제사 이징옥을 해임하고 서울로 불러들였다. 감작스런 해임과 호출이 어찌 된 일인지 알 리 없었던 이징옥은 후임자로 부임한 박호문에게 업무를 인계하고 호위병 몇과 함께 서울로 가던 중 우연히 계유정난이 일어났다는 소식을 듣게 되었다.

"김종서를 죽였다면 나까지 죽이려고 부르는 것이군. 내 발로 죽으러 갈 수는 없지."

이징옥은 곧바로 걸음을 돌려 함길도로 돌아갔다. 자신의 뒤를 이어 부임해 온 박호문을 죽이고 전부터 거느리던 부하 군사들을 다시 불러모았다.

"지금 수양대군이 수많은 공신들을 죽이고 정권을 잡았다. 나는 나대로 큰 꿈을 생각해 두었으니 한 사람도 빠짐없이 나를 따르라!"

이징옥은 200여 년 전인 1234년에 몽고에게 망해버린 여진족의 금나라를 다시 세우고, 그 군사를 동원해 수양대군을 몰아내겠다는 생각을 한 것이었다. 이징옥은 다시 세울 나라 이름을 대금大金이라 하고 스스로 대금의 황제가 되었다. 자신의 부하들에게 벼슬을 내리고 정부 조직 구성을 마친 후 두만강 건너편인 여진 땅 오국성五國城을 도읍지로 정했다. 그리고 여진족의 여러 고을에 격문을 돌렸다.

나는 조선국 함길도 도절제사로 있었던 이징옥이오. 금나라를 다시 세우고 오국성을 도읍지로 정하였소. 공신들을 죽이고 조카인 어린 왕을 위협하여 권력을 빼앗은 조선의 수양대군과는 끝까지 싸울 것이오. 원대한 대금을 건설하는 데 금나라 후예 여러분의 힘을 모아 주기 바라오.

대금 황제 이징옥

여진족은 그들의 나라를 다시 세우겠다는 이징옥의 말에 크게 호응했다. 자신감을 얻은 이징옥은 자신이 조직한 대금 정부의 관료와 군사를 이끌고 두만강을 건너 도읍지 오국성에 거처를 마련하기로 하였다.

그러나 누가 생각이나 했으랴. 두만강 기슭 종성에 도착해 배로 두만강을 건너기 위해 기다리던 밤, 이징옥은 종성 판관 정종과 호군 이행검에게 목숨을 잃고 말았다.

이시애의 난

함길도는 조선 초기까지 호족들의 입김이 강한 곳이었다. 중앙 정부에서도 이 같은 상황을 감안하여 관리를 파견하는 대신 그 지역에서 대대로 권세를 누려 온 호족 중 명망 있는 이를 지방 장관으로 임명하였다. 그렇게 임명된 직책은 후손까지 이어졌는데, 이런 제도가 지역 주민들을 단결시켜 여진족의 침입을 막는 데 큰 도움이 되었다.

그러나 단종을 몰아내고 임금의 자리에 오른 세조는 왕권을 강화하기 위해 지방의 권력을 중앙 정부에게로 집중시킬 필요가 있었다. 이를 위해 세조는 중앙 정부에서 임명한 수령과 관리를 하나 둘 함길도로 보내 백성을 다스리게 하였다. 그간 권력을 누려 오던 함길도의 호족들이 그런 조치에 불만을 토로하는 것은 당연한 일이었다.

"새로 임금이 들어서더니 우리가 누려 오던 특권이 사라지는구나."

함길도의 호족들 중 세조의 정책에 가장 크게 반발한 사람은

회령 부사를 지낸 이시애였다. 그는 길주를 근거로 한 대표적인 호족으로서 과거를 거치지 않고도 높은 지위를 누려온 사람이었다.

이시애는 1467년(세조 13) 5월에 아우 이시합, 매부 이명효와 함께 반란을 모의하고 헛소문을 퍼뜨렸다.

"관군이 바다와 육지로 쳐들어와 함길도의 군인과 백성을 모두 죽이려 한다!"

이시애가 퍼뜨린 소문에 함길도의 호족들과 군인, 일반 백성들 모두 혼란에 빠져 군사력 강화에 힘쓰게 되었다. 그 사이 이시애는 함길도 절도사 강효문을 죽인 다음, 그가 역모를 꾸몄기에 처형하였다고 중앙 정부에 거짓 보고를 올렸다. 이어서 길주 목사 설징신과 함길도 관찰사 신면 등 중앙 정부에서 파견한 관리를 모두 죽이고 스스로 함길도 절도사라 칭하며 반란군을 지휘하였다.

세조 임금은 왕족인 귀성군 준을 반란군 진압 총사령관인 사도 병마도 총사에 임명하고 어유소, 남이 등의 장수와 3만 명의 군사를 동원해 반란군 토벌을 지시했다. 평안도의 강순과 황해도의 박중선에게도 군사를 이끌고 반란군 진압에 힘을 보태라는 명령을 보냈다.

정부군의 강한 진압에도 반란군은 쉽게 무너지지 않았다. 함흥과 북청, 만령 등에서 치열한 전투가 계속되었다. 오랜 공방전 끝에 전세가 정부군 쪽으로 기울자 이시애의 반군은 퇴각을 계속했지만 쉽사리 무너지지 않았다. 이 틈을 타 이시애의 처조카이자 정부군의 일원이었던 허유례가 거짓으로 항복하는 척하며 반란군 진영에 들어갔다. 허유례는 반란군의 장수들을 설득해 이시애와 이시합을 사로잡아 관군에 넘기고 4개월 만에 이시애의 난을 진압하였다.

정부군에 붙잡힌 이시애와 이시합은 그 해 8월에 토벌군 진지 앞에서 효수되었다.

삼포 왜란

조선은 왜구들이 날뛰지 못하게 통제하고 무질서하게 유입되는 왜인들을 통제하기 위해 세 곳의 항구를 개항하고 무역 중개소인 왜관倭館을 설치하여 무역을 할 수 있도록 하였다. 개항한 세 곳의 무역항은 동래의 부산포, 웅천(지금의 진해)의 제포, 울산의 염포인데 세 곳 모두 왜국과 가까워 무역을 하기에 적절한 항구였다.

조선 정부는 무역 업무가 끝난 왜인들이 바로 돌아가도록 하였다. 그러나 왜인들은 이를 잘 지키지 않고 삼포에 상주하는 경우가 점차 늘어났다. 삼포에 거주하는 왜인들은 해마다 증가하였는데 조선 관원들과 마찰을 일으켜 당시의 사회적 문제가 되기도 하였다.

삼포의 왜인들을 통제하려는 조선 정부와 통제에 불만을 품은 왜인들간의 갈등은 오랜 기간 계속되었다. 결국 1510년(중종 5) 4월 4일, 왜인들은 대마도 도주의 아들을 대장으로 삼아 웅천 제포와 동래 부산포를 포위한 다음 민가를 불사르고 사람을 죽이며 왜란을 일으켰다. 이들은 부산 첨사를 죽이고 제포 첨사를 붙잡아 가두는 등 만행을 일삼았는데, 이 소식을 전해 들은 조정은 이들을 토벌하기 위해 긴급히 군사를 파견하였다. 전라좌도 방어사에 황형이 임명되고, 경상우도 방어사에 유담년이 임명되어 왜구 토벌에 나섰다.

황형과 유담년은 군사를 세 길로 나누어 4월 19일 새벽에 웅천 제포성을 공격하였다. 육지뿐만 아니라 바다에서도 경상 우수사 이의종의 수군이 지원 공격을 가했다. 조선군의 강한 공격에 패한 폭도들은 배를 타고 대마도로 달아났다.

이 싸움에서 조선군은 폭동을 주도한 대마도 도주의 아들을 죽이고 왜구 292명의 목을 베었다. 그리고는 '이웃에 이런 나라가 있다는 것은 참으로 성가신 일이다.' 라고 하며 일본과의 국교를 끊어버렸다.

을묘 왜변

삼포 왜란 이후 조선과의 교역이 끊긴 왜인들은 무역을 재개하기 위해 노력하였다. 심지어 대마도주는 왜란 책임자의 목을 베어 보내며 화친을 청해 왔다.

조선 정부는 왜인들과의 교역이 실리가 있으리라는 판단에 일단 화친에 응하기로 하였다. 다만 삼포 중 제포만을 개항하고 무역 규모를 줄이는 조건을 덧붙였다. 왜인들과의 무역이 이전보다 더욱 엄격해진 것이었다.

약조의 조건이 불리하다고 생각해 오던 대마도의 왜인들은 점차 소란을 피우며 조선 사람들과 마찰을 빚게 되었다. 그러던 중 1555년(명종 10)에 또다시 약조를 어기고 남서해안에 침입하여 지금의 영암과 해남 지방을 점령했다. 70여 척의 배를 타고 온 왜구는 어란포, 장흥, 강진, 진도 등지에서 약탈과 살인을 계속하였다.

이 왜구에 맞서 싸우던 절도사 원적과 장흥부사 한온이 전사했고 영암군수 이덕견이 포로로 잡히는 등 관가의 피해도 막심

했다. 이 소식을 들은 조선 조정은 호조판서 이준경을 도순찰사에 임명하고 왜구를 소탕하도록 하였다.

이준경은 방어사에 임명된 김경석, 남치훈 등과 힘을 합쳐 왜구를 토벌, 영암에서 큰 승리를 거두었다.

"저희들이 잘못했으니 용서해주십시오."

이 사건으로 조선과의 무역길이 아예 막히게 된 대마도 도주는 거듭 사죄하며 다시 한 번 조선을 침범했던 왜구의 목을 잘라 보냈다.

부산진 전투

"저게 뭐지?"

"왜군의 배다. 엄청나게 많다!"

1592년(선조 25) 4월 13일, 부산과 진해 사이 가덕도 앞바다에서 일일이 세기 힘들 만큼 많은 숫자의 왜선이 발견되었다. 바다를 까맣게 덮은 일본의 군함 700여 척이었다.

"왜선 700여 척이 나타남. 대마도를 출발하여 부산으로 향하고 있음!"

가덕도 봉수대에서 보내는 급보가 부산진에 도착하였다. 임진왜란의 시작이었다.

"왜군이 쳐들어온다면 이 성에서 첫 싸움이 벌어질 것이다."

부산진을 지키는 첨사 정발은 왜군이 부산진으로 들어올 것이라는 생각에 급히 성벽을 보수하고 무기를 정비했다. 아니나 다를까 이튿날인 4월 14일 새벽, 조선에 상륙한 왜군은 겹겹이 부산진을 포위하였다. 왜군은 1만 8,000여 명에 달하는 대군으로, 부산진의 군사 1,000여 명으로는 상대가 되지 않을 만큼 많

부산진 순절도

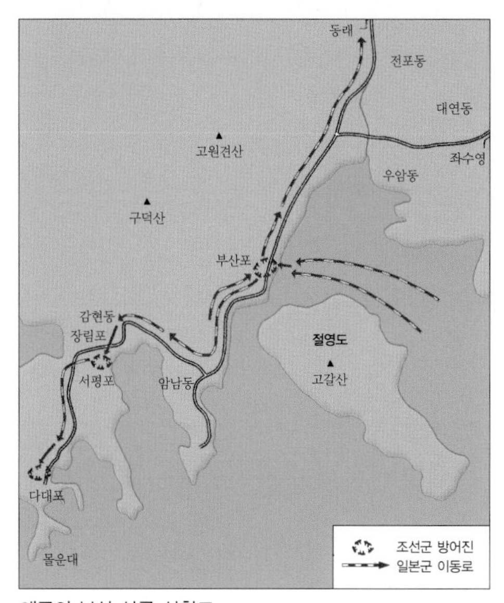

왜군의 부산 상륙 상황도

았다.

첨사 정발은 군사들을 불러모았다.

"나라를 위해 목숨을 바칠 때가 되었다. 조금도 두려워 말고 최후의 한 사람까지 싸우자! 나도 이 싸움에서 목숨을 바칠 것이다!"

정발은 비장한 말로 군사들의 용기를 북돋웠다. 군사들도 이에 고무되어 기세가 등등하였다.

그때 적군이 글을 써서 성 안으로 들여보냈다.

"우리는 명나라를 치러 가는 길이니 길을 비켜주시오."

이를 본 정발은 역시 글을 써서 성 밖으로 던졌다.

"우리는 싸울 뿐이다. 길은 비켜줄 수 없다!"

곧 왜군의 공격이 시작되었다. 부산진에는 칼과 창 외에도 쇠뇌 등의 큰 활과 화포를 비롯한 여러 가지 화약 무기가 있었다. 그러나 왜군은 조총이라는 신무기로 무장하고 있었다. 비록 사정거리가 얼마 되지 않고 성능도 보잘것없었지만 당시로서는 상당한 위협을 주는 무기였다.

부산진의 군사들은 사용할 수 있는 모든 무기를 동원해 왜군에 대항하였다. 아침에 시작된 싸움이 열 시간이나 계속될 정도로 치열한 싸움이었다. 하지만 왜군의 집중 공격을 당해낼 수는 없었다. 첨사 정발이 쓰러지고, 마지막 한 사람까지 싸웠지만 성은 결국 왜군의 손으로 넘어갔다.

동래성 전투

부산진성을 빼앗은 왜군은 그 이튿날인 1592년 4월 15일에 가까운 동래성으로 가서 성을 포위하였다. 부산진이 왜군에게 함락당했다는 소식을 들은 동래 부사 송상현은 성안의 3,000명 군사와 백성들을 모아 끝까지 싸우기로 결의하였다.

동래성을 포위한 왜병은 성문 밖에 나무 판자를 세우고 글을 써 붙였다.

"싸우고 싶으면 싸울 것이나, 그러지 않으려거든 길을 비켜주시오."

이를 본 송상현 역시 나무 판자에 글을 써 성 밖으로 던졌다.

"싸워서 죽기는 쉬우나 길을 비켜줄 수는 없다."

왜병은 조총을 쏘아대며 공격을 시작했다. 조선 군사들도 있는 힘을 다해 맞서 싸웠다. 화포가 불을 뿜고, 화살이 날고, 창과 칼이 번뜩였다.

"공격하라! 계속 공격하라!"

송상현은 목이 쉬어라 외치며 군사들을 독려했다. 그러나 절대적인 군사 수의 열세는 어찌 할 도리가 없었다.

한나절 가까이 공방전이 계속되다가 동북쪽 성벽이 무너지며 왜군이 성 안으로 들어왔다.

"이제 마지막이구나."

송상현은 임금을 알현할 때 입는 조복으로 갈아입고 궁궐이 있는 한양 방향으로 큰절을 올렸다.

"전하. 이 신하는 동래성에서 왜적과 싸우다가 죽습니다. 부

동래부 순절도

디 이 난세를 잘 다스리시옵소서."

그때 성을 넘어온 왜병이 송상현이 있는 곳으로 들이닥쳤다. 공교롭게도 그 왜병은 예전에 조선을 방문한 적이 있는 왜인으로 송상현과도 아는 사이였다.

"성문이 열렸습니다. 저쪽으로 피하십시오."

왜병이 송상현을 살려 주기 위하여 성문의 방향을 가리키며 소리쳤다.

"너희 손으로 우리 백성을 다 죽여놓고 나 혼자만 살아서 달아나란 말이냐?"

부사 송상현은 꿋꿋이 앉아 움직이지 않다가 적의 칼에 맞아 숨을 거두었다.

동래성의 많은 백성과 군사 대부분도 마지막 순간까지 무기를 놓지 않고 장렬한 최후를 맞이했다.

탄금대 전투 ⚜

부산진성과 동래성을 무너뜨린 왜군은 거침없는 기세로 한양을 향해 올라오고 있었다. 다급해진 조정은 이름난 장수인 신립을 도순변사에, 이일을 순변사에 임명하여 왜군을 막도록 하였다.

도순변사 신립은 종사관 김여물 등 80명의 군관을 거느리고 군사 8,000명을 모아 충주에 도착하였다. 그리고 충주 목사 이종장과 부하 장수 몇 사람을 데리고 조령의 지형을 살피던 중 상주에서 왜군과 싸우다 패해 돌아오는 순변사 이일과 마주쳤다. 이일은 4,000명의 군사를 이끌고 신립보다 앞서 적을 막으러 나갔으나 큰 패배를 당하고 돌아오는 길이었다.

충주 탄금대

이일은 신립에게 왜군이 대적할 수 없을 만큼 많다는 정보를 전해 주었고, 이 이야기를 들은 김여물과 이종장은 신립에게 건의하였다.

“적은 병력으로 많은 왜병을 막을 수 있는 곳은 지형이 험한 이곳 조령 뿐입니다. 여기에 군사를 잠복시켜 두었다가 왜군을 공격하면 이길 것입니다.”

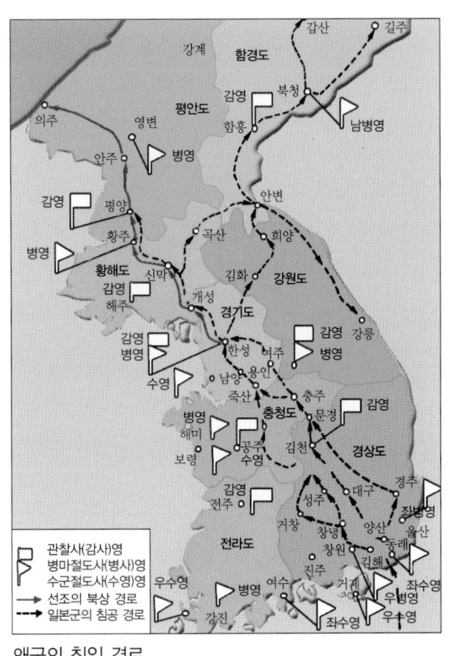

왜군의 침입 경로

그러나 신립의 생각은 달랐다.

“여기서는 기마병을 쓸 수가 없소. 그리고 충분한 훈련이 없는 우리 군사를 이런 지형에 배치할 경우 흩어지기 쉬울 것이오. 죽음을 각오하고 싸우려면 배수진을 치는 것이 나을 듯하오.”

배수진이란 뒤로 물러설 수 없도록 강을 등지고 진을 쳐서 군사들이 결사적으로 싸우게 하는 진법을 말한다. 신립은 자신도 이곳에서 죽을 각오를 하고 배수진을 주장하였던 것이다.

충주로 돌아온 도순변사 신립은 배수진을 치기에 적당한 장소로 탄금대를 선택했다. 탄금대는 뒤쪽으로 달래강을 마주하고 있는 곳이었다.

1592년 4월 28일, 탄금대 전투가 시작되었다. 배수진을 친

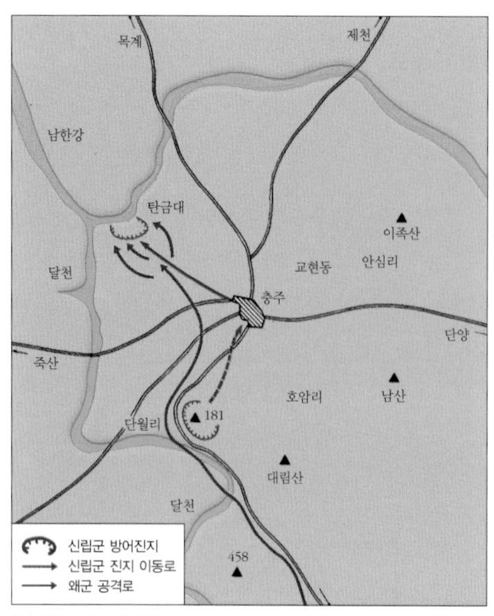

탄금대 전투 상황도

조선군은 이미 죽을 각오가 되어 있기 때문에 왜군이 쉽게 접근을 못할 만큼 강했다. 그러나 도순변사 신립이 앞장서 왜군을 무찔렀음에도 엄청나게 많은 왜군을 수천 명의 군사가 막아내기에는 역부족이었다.

끝까지 왜군의 목을 베던 신립은 패배가 확정적이자 달래강에 몸을 던져 스스로 목숨을 끊었다. 종사관 김여물과 충주목사 이종장도 끝까지 싸우다가 다른 병사들과 함께 장렬히 전사했다.

옥포·사천·당포 해전

임진왜란이 시작되었을 때, 남해에 나타난 왜병들은 아무런 저항을 받지 않고 부산진 근처에 상륙하였다. 그러나 만약 이순신이 부산 앞바다를 지키고 있었다면 상황은 달라졌을 것이다.

당시 이순신은 전라도 바다의 일부를 지키는 전라 좌수사(전라 좌도 수군 절도사)의 자리에 있었다. 왜군이 침략해 부산진과 동래성을 장악했다는 소식을 들은 이순신은 군함을 모으고 무기와 군사들을 점검하는 등 전투 준비에 힘썼다.

드디어 조정에서 출동 명령이 내려왔다. 경상 우수사 원균과 통합하여 적을 무찌르라는 명령이었다. 이순신은 그간 준비한 85척의 배에 정예 병력을 태우고 싸움에 나섰다. 원균과는 당포에서 만나 합치는 계획이었다. 원균의 배는 모두 6척밖에 되지 않아 통합군의 지휘는 이순신이 맡기로 했다.

5월 7일, 거제도 옥포에 머물러 있는 왜군의 배 50여 척이 이순신의 시야에 들어왔다. 이순신의 함대는 포구를 포위하고 일제히 화포와 활을 쏘면서 공격을 시작하였다.

기습을 당한 왜군은 전투태세를 갖출 겨를이 없어 배를 타고 도망가려 날뛰었다. 몇 척의 배가 겨우 탈출에 성공했으나 이순신의 포위망이 점점 죄어오자 나머지 왜군들은 배를 버리고 산으로 달아났다. 이순신 함대의 공격을 받은 왜군의 배 26척은 그대로 바다에 가라앉았다. 조선이 임진왜란 중의 전투에서 첫 승리를 거두는 순간이었다.

> 우리 전라, 경상 통합군은 5월 7일 옥포에서 적의 싸움배 26척을 격침하고 승리를 거두었습니다.

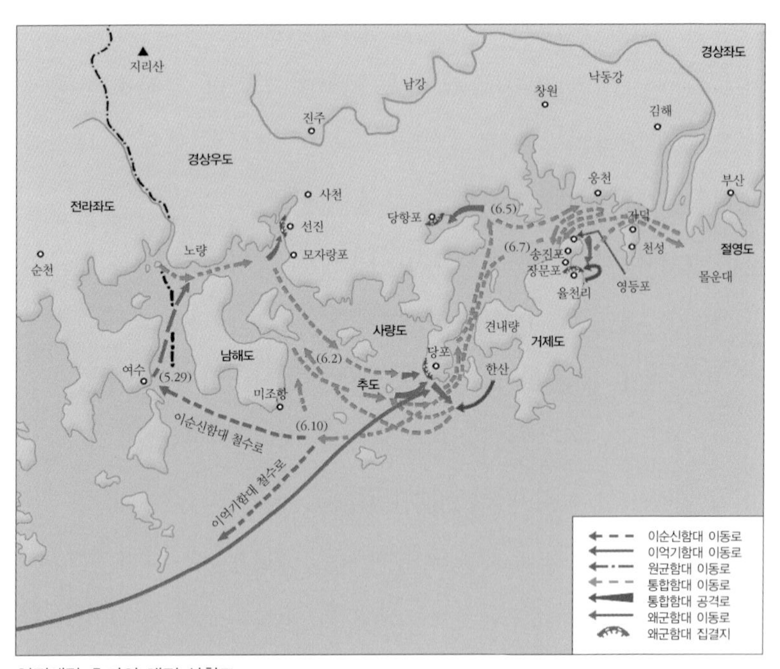

임진왜란 초기의 해전 상황도

이순신은 승리의 소식을 적어 장계를 올렸다. 장계는 임금에게 올리는 보고서다. 왜병에게 밀리기만 하던 조선군의 첫 승전보였다.

이외에도 이순신은 5월 29일 23척의 함대를 이끌고 사천 포구에 정박해 있는 왜군의 전함 13척을 공격해 모두 침몰시키기도 하였다. 공격의 핵심에는 이순신이 고안한 돌격 전함인 거북선이 있었다. 왜군들은 철판으로 뒤덮인 거북선을 보고 크게 놀랐다. 이후 해전이 거듭될수록 거북선은 왜군들 사이에서 공포의 대상이 되었다.

이어서 6월 2일에도 순천 부사 권준과 함께 당포에서 21척의 왜선을 격침했고 6월 5일과 6일에도 전라 우수사 이억기 등과 함께 당항포에서 26척의 왜선을 침몰시키는 등 거듭해서 승리의 전과를 올렸다.

한산도 대첩

"이순신한테는 이길 수 없다. 거북선을 당할 수는 없어."
이제 왜군은 이순신과 거북선만 나타나면 두려움에 떨었다. 그러나 왜군의 입장에서 남해는 포기할 수 없는 곳이었다. 어떻게든 남해를 차지해야 황해로 나아가 보병들에게 보급품을 전달할 수 있기 때문이었다.

왜군은 남은 수군으로 연합함대를 이뤄 조선 수군에 대항할 계획을 세웠다. 그러던 중 수군장 와카사카가 이끄는 70여 척의 수군 함대가 통영 견내량에 모여 있다는 정보가 입수되었다. 이순신의 함대는 이들을 쳐부수기 위한 작전을 세웠다. 견내량은 포구가 좁고 암초가 많은 곳이어서 큰 싸움을 벌이기 힘든 곳이었다. 그래서 이순신은 견내량 근처의 한산도 앞바다로 적을 유인해 공격하는 작전을 세웠다.

1592년 7월 8일, 몇 척의 조선 수군 전함이 견내량 바다에 나타났다. 싸움 준비를 하고 있던 왜군은 많지 않은 조선 전함을 보고 '이 정도 쯤이야' 라고 생각하며 추격에 나섰다.

한산도 대첩 기록화

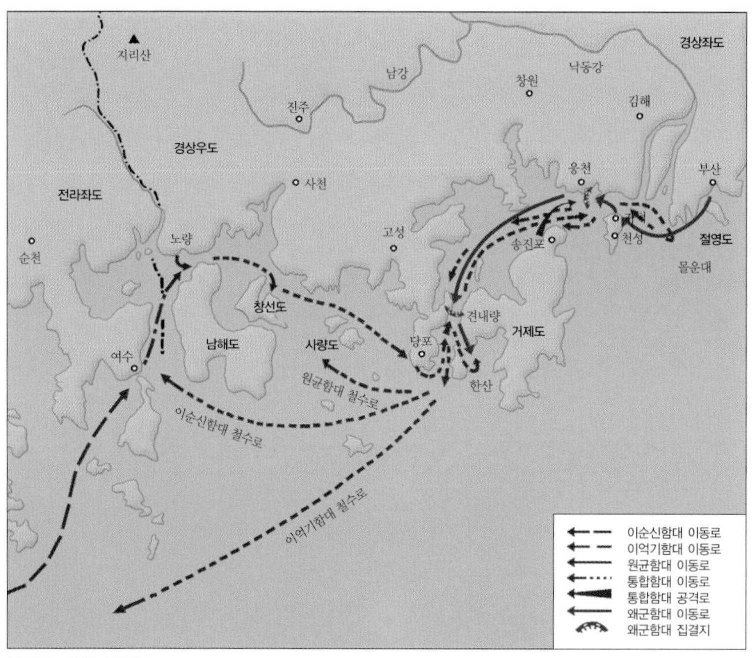

한산도 대첩 상황도

맹렬한 기세로 조선 전함을 뒤쫓던 왜선이 마침내 한산도 앞 넓은 바다에 이르자 상황은 역전되었다. 쫓기던 전함이 기수를 돌려 되돌아서는가 싶더니 주변에 숨어 있던 조선 전함이 어느새 양 옆으로 빙 둘러서 적을 에워싸고 말았다. 학의 날개 모양이라는 학익진을 편 것이었다.

조선군의 공격이 시작되었다. 거북선은 무서운 기세로 적진을 누볐고 왜선 주위를 둘러싼 조선 전함에서는 쉴 새 없이 화포가 발사되었다. 독 안에 든 쥐 꼴이 된 왜선은 여지없이 침몰했다. 수군 장수 중 한 사람인 마나베는 배를 버리고 부하 400여 명과 함께 한산도에 상륙했으나 결국 자결하였고 총 지휘관인 와키사카는 김해성으로 달아났다. 침몰한 왜선만도 66척에 달한 큰 승리였다. 한산도 대첩은 조선 수군이 남해 일대의 제해권을 확보한 싸움이었다. 임진왜란 3대첩의 하나로 손꼽히는 대승리였다.

부산포 해전

조선 수군과 왜군과의 첫 해전이었던 옥포 해전부터 한산도 대첩에 이르기까지 왜군은 많은 병력과 배를 잃었지만 부산에는 아직도 상당수의 수군과 여러 척의 배가 있었다. 조정에서는 이 왜병들이 일본으로 건너가는 길을 막기 위해 부산에 정박 중인 왜군의 배를 모조리 부술 계획을 하고 이순신에게 명령을 내렸다.

1592년 8월 24일, 이순신은 전라 좌수영과 우수영 함대를 거느리고 출정하여 다음날 사량 앞바다에서 경상 우수영 함대와 합류하였다. 조선 수군은 판옥선(널빤지로 지붕을 만든 대형 전함) 44척을 비롯한 166척의 대함대였다. 이순신은 이 통합 함대를 거느리고 당포와 거제도를 거쳐 부산포의 낙동강 하구에 이르렀다. 이른 새벽을 틈타 적진을 정찰해 보니 왜군은 전함을 부산 포구에 모아 놓고 있었다.

"적선이 한데 모여 있으니 한꺼번에 들이치는 것이 좋겠습니다."

부하 장수들이 공격에 썩 좋은 기회라며 좋아했다.

9월 1일 새벽에 기습 공격이 시작되었다. 조선 수군은 왜선이 모여 있는 포구를 향해 화포를 조준하고 가로로 줄을 지어 접근하였다.

"쏘아라!"

이순신의 신호에 조선 함대의 화포가 일제히 불을 뿜었다. 기습을 당한 왜군은 조직적인 대항을 하지 못하고 갈팡질팡할 뿐이었다. 여기저기서 조총을 쏘며 반격했지만 조선군의 화포를 당할 수 없었다. 화포를 맞은 왜선들은 여지없이 부서져 바다 아래로 가라앉았다. 날이 샐 때까지 격침한 왜선이 무려 100척

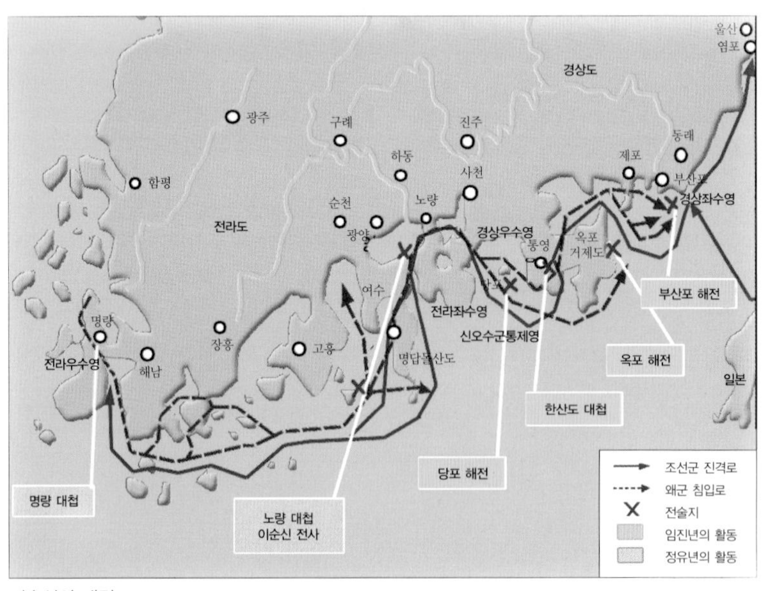

이순신의 해전

에 달했다.

결과는 대승리였다. 왜선이 머물러 있는 곳을 더 찾아보고 모조리 격침할 수도 있었으나 이순신은 무리한 작전을 계속하지 않기로 하고 뱃머리를 돌렸다.

"싸움은 이겼으나 선봉장을 잃었구나!"

이순신은 눈가에 흐르는 눈물을 닦았다. 이 싸움에서 몇 사람의 부하와 선봉장인 정운을 잃은 것이었다.

금산 전투

육지에서도 나라를 지키려는 노력이 계속되었다. 군사들뿐만 아니라 각 지역에서 자발적인 의병이 일어나 왜군을 상대로 싸웠다.

전라도 광주에서는 사직한 문관 고경명이 의병을 모집하였다. 고경명은 한양을 향해 북상하면서 계속 의병을 모집하였는데 전주에 이르렀을 때 이미 7,000명이 모였다. 고경명은 우선 금산을 점령한 왜군을 공격하기로 하고 관군과 연합작전을 준비했다.

의병들은 1592년 7월 9일 금산성을 포위하고 공격을 시작했다. 약 1만 5,000명의 왜군은 성 위에서 조총을 쏘며 강하게 저항하였다. 이튿날이 되자 의병과 관군은 새로운 작전을 짰다. 관군은 동문을 지키고 의병은 서문을 공격하는 작전이었다. 그런데 왜군들은 조선의 관군이 보기보다 약한 것을 간파하고 관군이 있는 동문 쪽을 먼저 공격하였다. 왜군의 선제공격을 받은 관군은 얼마 버티지 못하고 차례로 무너졌다. 관군이 무너지자 왜군들은 군사를 서문으로 집중 배치해 의병을 공격했다.

싸움은 격렬해지고 형편도 불리해져만 갔다. 졌다. 고경명은 끝까지 군대를 독려하며 대항하였으나 마침내 전사하였고 많은 의병과 관군이 희생을 당하였다.

금산성을 되찾기 위한 두 번째 전투는 그해 8월 17일 의병장 조헌과 스님 장군 영규의 결사대에 의해 이루어졌다.

"국왕이 당하는 판에 신하가 어찌 목숨을 아끼겠는가."

조헌은 이렇게 외치며 군사를 모았다. 그리고는 금산성에서

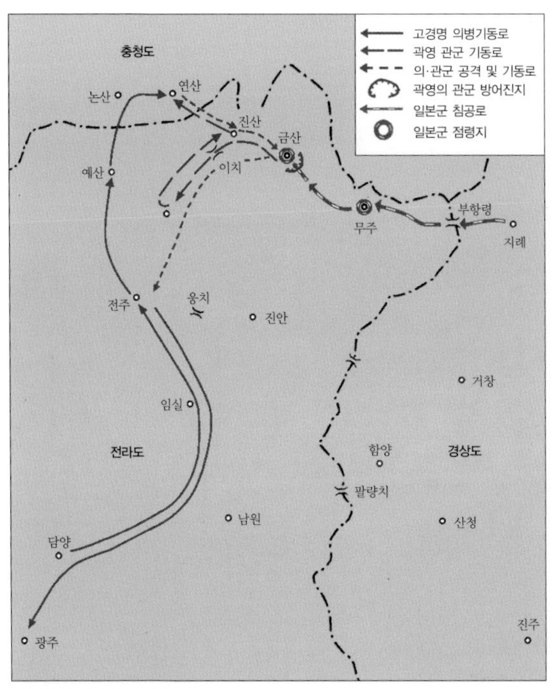

제1차 금산 전투 상황도

10리 정도 떨어진 곳에 진을 치고 전투를 준비했다. 조헌의 군사는 불과 700명이었고 군사 중에는 그의 아들 조완기도 있었다.

그러나 선제 공격은 왜군이 먼저였다. 조헌의 군사에 후속부대가 없는 것을 안 왜군이 성을 나와 조선군의 진지를 공격한 것이다.

싸움은 이틀 동안 계속되었다. 조헌의 의병은 군사를 여러 부대로 나누어 번갈아 공격하는 왜군을 맞아 용감히 싸웠으나 시간이 흐르자 화살이 떨어지고 말았다. 창과 칼을 이용한 백병전이 시작되었다.

이때 위기를 감지한 조헌의 아들 조완기가 급하게 달려왔다.

금산 전투 기록화

"아버지! 옷을 바꾸어 입읍시다."

아버지에게 집중되는 적의 공격을 우려한 조완기가 조헌의 복장을 입고 왜병 앞에 모습을 드러냈다.

"저기에 대장이 나타났다!"

왜군의 조총이 일시에 조완기를 향했다.

왜군의 포위망은 점점 좁혀졌다. 창과 칼이 부러지자 700명의 의병은 맨몸을 무기로 삼아 싸우다가 한 사람 한 사람 쓰러졌다. 의병장 조헌과 아들 조완기, 스님 장군 영규도 같이 목숨을 바쳤다.

이들 700명 결사대의 유골을 모아서 한데 묻은 무덤을 칠백의총七白義塚이라 한다.

평양성 전투3

왜군이 한양을 거쳐 평양성까지 쳐들어오자 평양성으로 피난을 갔던 선조 임금은 다시 의주로 대피하였다.

한편 조선의 원군 지원 요청을 받은 명나라는 장수 조승훈에게 요동 수비병 3,000명을 주고 조선을 돕도록 하였다. 하지만 조승훈의 명나라 군대는 왜군을 가볍게 보고 공격했다가 왜군의 유인 작전에 말려들어 처참히 패배했다.

이에 명나라는 장수 이여송에게 4만 3,000명의 군사를 주어 조선을 구원하게 하였다. 명나라의 대군이 도착한다는 소식을 들은 조선군은 사기가 한껏 고무되었다. 명나라 군사와 힘을 합친다면 왜군이 점령한 평양성을 도로 찾는 것은 어렵지 않을 것 같았다.

조선 군사는 1593년 1월 6일 이른 아침에 명나라 군사와 함께 평양성을 포위하였다. 도원수 김명원이 거느린 군사와 장군 이일, 김응서의 군사가 가세했고 휴정(서산대사)과 유정(사명당) 등을 필두로 하는 승병도 싸움에 힘을 보탰다.

평양성을 둘러싼 조선-명나라 연합군의 공격이 시작되었다. 공격에는 갖가지 무기가 사용되었는데 특히 명나라의 대포가 우수하였다. 왜군도 응전을 해 왔지만 명나라 지원군의 수를 본 후 기가 꺾였다.

평양성에 주둔하던 왜장 고니시 유키나가는 전세가 불리해지자 주요 장수를 데리고 토굴로 들어가서 버티었다.

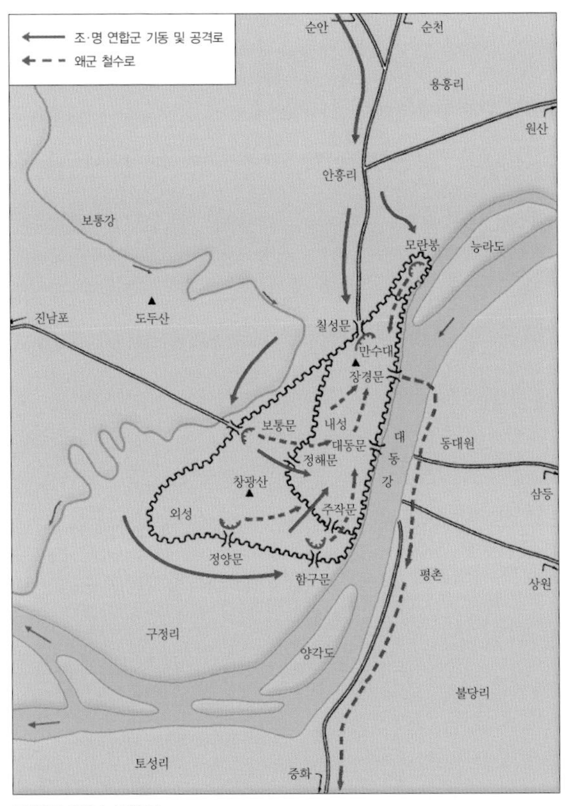

평양성 전투 상황도

"적의 대장이 저기에 숨었다!"

고니시 쪽으로 공격이 집중되었다. 왜군은 결사적으로 항쟁했지만 역부족이었다.

이여송은 조선의 장수들을 모두 모아 의논했다.

"쥐도 막다른 곳에 이르면 돌아서서 무는 법입니다. 저 왜군은 지원하는 군사도 없고 군량도 떨어진 형편이어서 발악을 하고 달려들면 우리 편 군사도 많이 다칠 것입니다."

이여송은 이만하면 왜군이 조선과 명나라 연합군의 실력을 알았을 테고 자기 편 군사를 많이 잃었으니 후퇴하도록 길을 열어주는 것이 어떠냐는 의견이었다.

조선 장수들도 비슷한 의견이었다. 의논 끝에 성안으로 연락병을 보내 이같은 뜻을 전했다. 왜장 고니시는 살아날 길이 생겼다며 이를 수용했고, 남은 군사를 모두 데리고 연합군이 열어준 길을 따라 한양으로 물러갔다. 이리하여 일곱 달 만에 평양성에서 왜군이 물러가게 되었다.

평양성 전투는 임진왜란이 시작된 후 육지에서의 첫 승리였다. 이로부터 침략군 왜병은 쫓기는 신세가 되었고, 어떻게 하면 군사를 자기 나라로 돌아가게 할 수 있을까 고민하며 강화를 제의하게 되었다.

진주성 전투

1592년 10월 5일, 왜장 나가오카 다다오키가 2만 명의 왜군을 데리고 진주성 앞에 다다랐다. 진주성을 지키고 있던 관군은 경상우도 병마절도사 김시민과 곤양군수 이광악이 이끄는 3,800여 명이 전부였다.

왜군이 진주성에 쳐들어온다는 소식에 의병장 김준민과 장군 정기룡이 군사를 데리고 진주성 일대로 모여들었다. 의병장 최경회와 임계영도 구원병 2,000명을 이끌고 왔으며 의병장 곽재우 역시 붉은 옷을 입고 진주성 근처에서 힘을 보탰다.

진주성에 다다른 왜군은 조총을 쏘며 대나무 사다리를 성벽

진주성도병풍

에 걸치고 기어오르려 했다. 진주성을 지키기 위한 조선 군사들과 백성들의 사투가 시작되었다. 진주성의 군사들은 적진에 현자총통을 쏘고, 화약을 넣은 화살인 대신기전을 쏘아 사다리를 부수어버렸다. 성벽을 기어오르는 적에게 끓는 물을 쏟아붓고 불에 달군 쇠붙이를 머리 위에 던지는 등 동원할 만한 모든 것이 다 동원되었다. 힘이 약한 여자들과 노인, 어린이는 돌을 날랐고 성 밖에는 적의 주검이 쌓여만 갔다.

"쏘아라. 던져라. 부수어라!"

성루에서 소리치는 이는 지휘관인 진주 목사 김시민이었다. 엿새나 계속된 싸움에서 김시민이 조총에 쓰러지자 곤양 군수 이광악이 지휘권을 넘겨받았다.

수많은 군사를 잃은 왜장 나가오카는 엿새 만에 남은 병사들

진주성 전투 기록화

을 거두어 물러갔다. 임진왜란 중 3대첩의 하나로 기록될 만큼 큰 승리였다. 그러나 김시민은 중상을 입고 치료를 받다가 세상을 떠났으며 의병장 김준민도 전사했다.

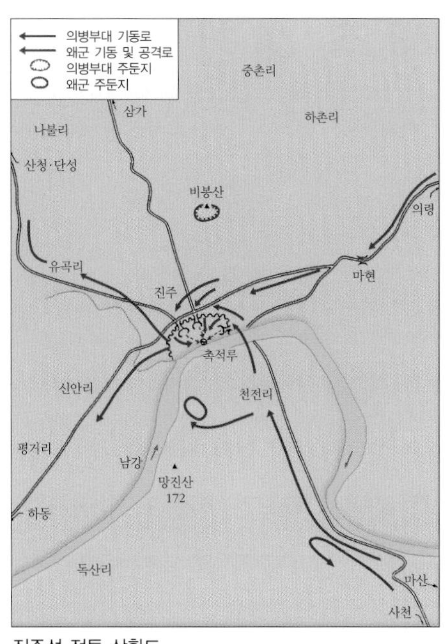

진주성 전투 상황도

처참한 피해를 입고 돌아갔던 왜병은 이듬해 6월에 다시 진주성을 공격했다. 이번에는 무려 10만여 명의 군사를 동원하여 진주성을 포위하고 공격을 가했다.

당시 진주성의 조선 군사는 창의사 김천일이 지휘하고 있었다. 하지만 경상우도병사 최경회, 충청도 병마절도사 황진, 의병장 고종후 등 진주성에 합류한 장수가 거느린 군사는 수천 명에 불과해 왜군과 싸우기엔 역부족이었다.

조선 군사는 결사의 각오로 싸웠다. 하지만 수많은 적의 공세에 진주성이 함락되자 김천일, 최경회, 고종후 등은 스스로 목숨을 끊었다. 황진은 장렬히 전사했으며 논개는 왜장을 안고 남강에 뛰어들어 적장과 함께 죽었다.

행주 대첩

왜군에 한양이 함락되자 전라도 순찰사 권율은 수도를 다시 찾기 위해서 관군을 이끌고 한양으로 향했다. 점점 한양에 가까워 오던 권율은 수원 독산성에서 왜군을 크게 무찌르고 한양을 눈앞에 둔 행주산성에 군사를 집결시켰다. 변이중이 정예병 1,000명을 데리고 와 합류했고, 승병장 처영도 승병 1,000명을 이끌고 행주산성에 모였다. 이로서 1만 명 남짓의 병사가 산성에 모여 한양 공격을 준비했다. 병사들은 활과 창, 칼 외에도 재를 담은 주머니를 준비했다. 또한 화통을 실은 화차와 돌을 날리는 수차석포를 비롯해 신무기인 비격진천뢰 등으로 무장하고 있었다.

한편 왜군은 조선군이 한양으로 공격해 들어오기 전에 먼저 공격하기로 하고 3만 명의 병사를 행주산성으로 보냈다.

1593년 2월 12일 아침, 왜군은 일곱 부대로 갈라져 행주산성 공격을 시작했다. 이에 맞선 권율의 군사는 일시에 화포를 쏘고 수차석포로 돌을 날렸다. 적진 한복판으로 날아간 비격진천뢰가 많은 왜군을 없애기도 했다. 얼마 동안의 접전 끝에 왜군의 선봉 부대는 여지없이 패하여 수많은 주검을 남기고 물러났다.

전열을 가다듬은 왜군은 2차 공격을 가해 왔다. 이번에는 고바야가와가 직접 선두에서 고함을 지르며 돌격했다. 조선군은 역시 화포를 발사하며 왜군을 저지했는데 앞장서 달려오던 고바야가와가 화포 파편에 맞아 물러나고 말았다. 성벽을 기어 오르는 왜군에게는 주머니 속의 재를 꺼내 흩뿌렸다. 눈에 재가 들어간 왜병들은 눈을 뜨지 못해 우왕좌왕하며 그대로 달아났다.

싸움이 계속되는 동안 성안의 모든 이가 제 몫을 했다. 남자들은 군사들을 도와 왜군을 공격했고 여자들은 앞치마를 입고 부지런히 돌을 날랐다.

치열한 전투가 계속되었다. 시간이 흐를수록 조선군의 화살은 바닥을 보였다. 이제 칼과 창, 돌로만 싸워야 할 듯했다.

행주 대첩 기록화

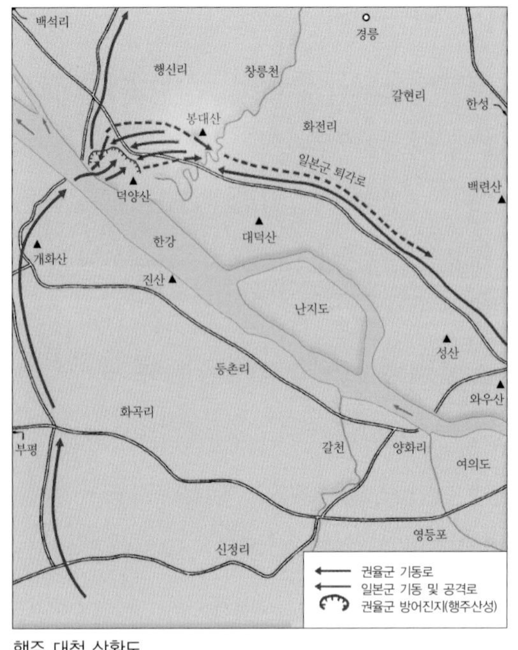

행주 대첩 상황도

"장군님! 화살이 모자랍니다. 화살이!"

화살이 다 떨어져 간다며 병사들이 당황하고 있을 때였다. 경기수사 이빈이 화살 수만 개를 배에 싣고 행주산성을 향해 왔다. 이를 본 조선 군사들은 환호성을 질렀지만 왜군은 당황하며 물러나기 시작했다. 전세는 점점 왜군에게 불리해졌다.

"작은 성인 것을 얕보고 '이것쯤이야' 했더니, 도저히 안 되겠군."

적은 수많은 군사를 잃고 물러났다. 이 전투가 임진왜란 3대첩의 하나인 행주산성 전투였다. 부녀자들이 앞치마로 돌을 날라 전쟁을 승리로 이끌었기에 그 뒤부터 앞치마를 행주치마로 부르게 되었다 한다.

명량 해전

임진왜란 초기 기세가 등등하던 왜군은 조선 군사들과 명나라 지원군의 활약 등으로 수세에 몰리게 되었다. 결국 왜군 지휘관 고니시는 승리를 보장할 수 없는 전쟁을 끝내기 위해 강화회담을 제안하였다. 그러나 순조롭게 진행되는 듯하던 강화회담은 왜군 측의 무리한 요구와 명나라 사신 심유경의 농간으로 1596년 9월 결렬되었고, 그해 12월부터 일부 물러갔던 왜군이 다시 침입하기 시작하였다.

다시 침입한 왜군의 총병력은 14만 1,500명에 달했고, 이순신에게 당했던 엄청난 패배를 되갚으려는 듯 수군이 한층 강화되었다. 그러나 그간 전쟁 준비를 많이 해 둔 조선군도 만만치 않았다. 왜군은 남부지방에만 머무를 뿐 좀처럼 진격해 오지 못했다.

이때 이순신은 도원수 권율 휘하에서 아무런 벼슬 없이 백의종군을 하고 있었다. 주위의 모함을 산 탓이었다. 삼도 수군통제사 자리는 이순신의 뒤를 이어 원균이 담당하는 중이었다.

"이순신이 없는 이 기회를 이용하자."

왜군은 조선 수군을 맹렬히 공격하였다. 원균은 1597년 7월 14일부터 사흘 동안 벌어진 칠천량 해전에서 왜군에게 크게 패하고 전사하였다. 원균의 참패로 왜군은 남해를 장악하고 황해로 진출할 수 있는 길을 확보했다. 왜군의 황해 진출길 확보는 군사 보급품을 전달하는 통로가 되는 것은 물론이고 육지와 바다의 양면 작전을 펼 수 있는 기회가 된 것이다.

다급해진 조정은 백의종군하던 이순신을 다시 삼도 수군통제사에 임명하였다. 제자리로 돌아온 이순신은 흐트러진 기강을 정비하고 왜군의 서해 진출을 막기 위한 준비에 온 힘을 기울였다.

남해에서 서해로 진출하기 위해서는 울돌목이라고도 하는 명량 해협을 지나야만 한다. 명량해협은 해남과 진도 사이의 좁은 해협으로 물살이 매우 빠르고 조수에 따라 물의 흐름이 바뀌는 곳이다. 이순신은 왜군의 서해 진출을 막기 위한 결전의 장소로 이곳을 선택하고 전함을 배치했다. 조수 현상을 이용하여 적선을 꼼짝 못하게 할 계획이었다.

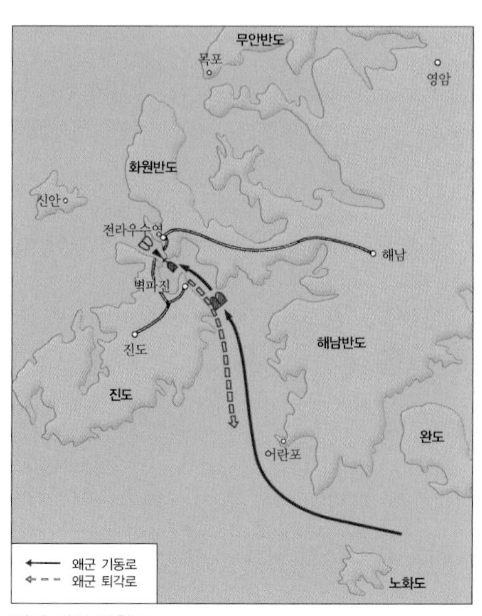

명량 해전 상황도

1957년 9월 16일, 짐

작했던 대로 133척의 왜선이 명량 해협으로 들어섰다. 이 해협에 대해 잘 알지 못하던 왜병들은 곧 밀물이 썰물로 바뀌면서 바닷물이 반대로 흐르자 당황해하며 대열이 흐트러졌다. 이순신은 이때를 놓치지 않고 소리쳤다.

"돌격하라! 쏘아라. 부수어라!"

이순신의 명령이 떨어지기 무섭게 조선군 군함에서 지자총통과 현자총통이 불을 뿜었다. 왜병들을 조준한 화살이 바다를 갈랐고 왜선은 조수에 밀려 서로 부딪히는 등 혼란에 빠졌다. 선두의 왜선 31척이 격침되자 뒤따르던 적선은 뒤돌아서 달아나기 급급했다.

이순신의 승리로 왜군의 수륙 양면 작전은 수포로 돌아갔다.

명량 대첩 기록화

노량 대첩

일본 정권의 우두머리 토요토미 히데요시가 죽게 되자 왜군은 철수를 서두르게 되었다. 그러나 남해 바다를 지키고 있는 이순신이 문제였다. 이순신을 피해 안전하게 철수할 수 있는 방법을 찾던 왜장 고니시는 명나라 수군 대장 진린에게 밀사를 보내 이순신의 마음을 떠보게 하였다.

"장군께서 도와주십시오. 저희 군사가 조용히 물러갈 터인데 이순신이 지키고 있어 걱정입니다. 퇴로를 확보할 수 있도록 해 주십시오."

이에 진린이 슬쩍 이순신의 마음을 떠보았다.

"도적떼를 살려 보내란 말이오? 우리 백성이 얼마나 피를 흘렸는데 그러시오. 그럴 수는 없소."

이순신은 왜군 한 사람도 그냥 돌려보낼 수 없다며 진린의 말을 일축했다.

코니시는 하는 수 없이 위험을 무릅쓰고 노량 앞바다에 철군의 배를 띄우기로 하였다. 그간 준비한 배가 노량 해협으로 속

속들이 모여들었다.

왜군의 배가 노량 앞바다에 모여 있다는 정보를 파악한 조선, 명나라 연합 수군은 1598년 11월 9일 새벽에 이 일대를 포위해 버렸다. 포위망을 점점 좁혀가던 연합 수군은 이윽고 사정거리 안에 왜선이 들어오자 화포를 발사하기 시작했다. 먼 바다로 나가 본국으로 돌아가려던 왜병들은 조총을 쏘며 반격했다.

"한 놈이라도 살려 보내지 말아라! 모두 바다에 처넣어라!"

이순신은 소리쳐 독전했다. 조선의 돌격선이 잠깐 사이에 수십여 척의 왜선을 격침하고 200여 명의 왜병을 죽였다. 조선군

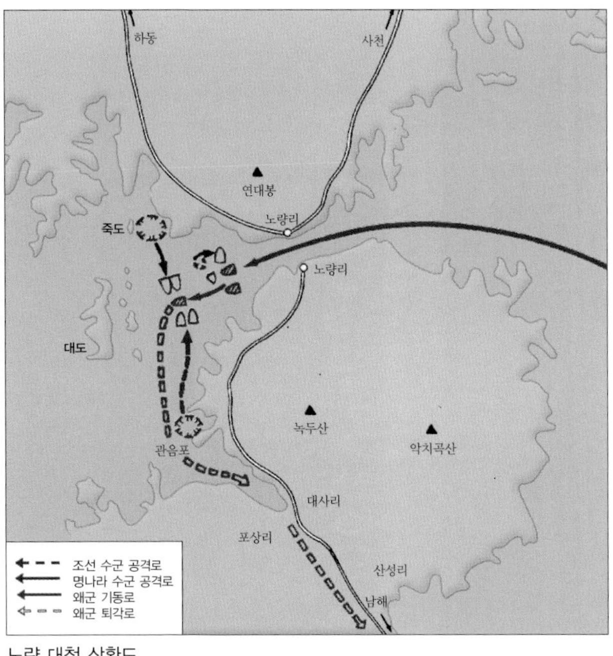

노량 대첩 상황도

의 공격이 계속되자 왜병은 포위망을 뚫고 관음포 방향으로 달아나기 시작했다.

"추격하라! 한 놈도 놓치지 말라!"

남은 왜선은 겨우 50여 척에 불과했다. 이미 200척 이상 가라앉은 것이다. 조선, 명나라 연합 수군은 달아나는 왜선의 뒤를 바짝 쫓으며 계속 공격을 가했다. 그때였다. 왜병이 쏜 유탄 하나가 이순신의 머리에 맞았다. 이순신은 작은 신음을 토하며 쓰러졌다.

"나를 방패로 가려라. 싸움이 급하니 내 죽음을 알리지 말라!"

이순신의 곁에 있던 그의 아들과 부하는 슬픔을 억누르고 방패로 시신을 가린 후 계속 북을 울려 나아가 싸울 것을 재촉했다. 왜선은 겨우 달아났고 군사들은 큰 승리를 거둔 후에야 장군의 죽음을 알게 되었다.

임진왜란의 마지막 전투였던 이 해전에서 명나라 장수 등자룡, 가리포 첨사 이영남, 낙안 군수 방덕룡, 흥양 현감 고득장 등이 장렬히 전사했다. 그만큼 격렬한 전투였다.

의주성 전투

"오랑캐 떼가 압록강을 건너온다!"

남쪽에서 쳐들어온 왜군을 물리친 지 채 30년도 지나지 않았는데 이번에는 북쪽에서 후금의 군사가 쳐들어왔다. '정묘년에 오랑캐가 일으킨 난리' 인 정묘호란丁卯胡亂이 시작된 것이다.

우리가 오랑캐라 업신여기던 여진족은 만주 땅에 후금이라는 나라를 세웠다. 이들은 중국 대륙으로 진출해 명나라를 없애버릴 생각이었다. 그런데 명나라와 친하고 후금과는 가까이 하지 않는 조선은 그들이 보기에 눈엣가시같은 존재였다. 조선과 명나라가 손을 잡으면 큰일이라 생각한 후금의 임금 태종은 장수 아민에게 3만 명의 군사를 주어 조선을 공격하도록 했다.

국경선을 지키던 의주 부윤 이완은 이순신의 조카였다. 삼촌인 이순신을 따라 싸움터에 나가, 노량대첩에서 쓰러진 이순신을 대신하여 지휘했던 장군이었다. 그러나 그런 이완이 거느린 군사는 겨우 3,000명이었다.

"한 사람이 오랑캐 열 놈을 베어야 한다. 죽기로써 싸우자!"

장군 이완이 군사들의 용기를 북돋웠다. 군사들은 긴장하며 성벽에 서서 결사의 각오를 다졌다.

의주성을 포위한 후금군이 공격을 시작하자 조선군도 화포를 쏘며 응전했다. 조선군이 아무리 이를 악물고 적을 쏘아 죽여도 후금군은 끝없이 뒤를 이었다. 낮부터 시작한 공방전은 한밤중까지 이어졌다. 후금의 아민은 할 수 없이 포위망을 늦추었다.

"수는 적지만 결사적이로군. 강한 군인들이야."

오랑캐 장수 아민은 꾀를 내는 수밖에 없다고 생각했다. 성 주변을 면밀히 조사한 결과 물을 흘려보내는 수문이 있는 것을 발견하고 어둠을 틈타 이 수문으로 100명의 정예병을 투입했다.

이튿날 밤이 되자 성 내에 숨어서 동태를 살피던 후금군이 의주성 내의 민가와 무기 창고에 불을 질렀다. 불길을 신호로 후금군의 총공격이 다시 시작되었다.

"불 지르는 오랑캐가 있다. 저놈들을 베어라!"

장군 이완이 소리를 질렀다. 불 지르는 도적이나 성을 넘어오는 도적을 닥치는 대로 베었지만 수많은 적을 당해 내기엔 조선군의 수가 너무 적었다. 그때 적의 집중공격에 이완이 쓰러졌다. 노량해전에서의 충무공처럼 장렬히 전사한 것이다.

백마산성 항쟁

정묘호란에서 조선과 화의를 맺은 후금은 청나라로 이름을 바꾸었다. 야금야금 세력을 키운 청나라는 조선에게 터무니없는 요구를 해 왔다. 명나라를 공격할테니 군사와 군량 등을 지원하라는 것이었다. 하지만 임진왜란 때 명나라의 도움을 받았던 조선 조정이 이 요구에 응할 리 없었다. 그러자 청나라 태종은 12만 8,000명의 대군을 이끌고 조선을 침략했다. 1636년(인조 14) 12월이었다.

당시 의주성 방어를 책임지고 있던 임경업 장군은 청나라 군사가 다시 쳐들어올 것에 대비하여 백마산성을 정비하고 유사시에 항전이 가능하도록 심혈을 기울이고 있었다. 예상대로 청나라 군사들은 압록강 어귀에 도착하였고, 강을 건너 의주를 공격할 준비를 했다. 임경업 장군도 군사들을 이끌고 백마산성으로 들어가 맞서 싸울 준비를 했다.

1637년 1월, 청나라 군대는 1만 2,000명의 군사를 동원해 백마산성을 공격하였다. 청나라가 공격을 시작하자 조선군은 맹렬한 포격으로 방어했다. 청나라 군사들은 백마산성 방어군의 기세에 눌려 더 이상 나아갈 엄두를 내지 못했다.

청나라 군사들은 백마산성을 공격해 함락시키는 것보다 조선의 수도인 한양을 먼저 공격하는 것이 낫겠다는 결론을 내리고 이곳을 빙 돌아 곧바로 한양을 향했다.

"분하다. 저 오랑캐 놈들을 놓치다니."

임경업은 분을 참지 못해 이를 갈았다. 청나라 군사를 막기 위한 노력이 물거품이 된 것이다.

한편 인조 임금은 한양에 다다른 청나라 군사를 피해 남한산성으로 피난을 떠났다. 그러나 청 태종이 남한산성을 포위하고 위협을 가하자 이를 버티지 못하고 명나라와의 관계를 끊고 청나라를 군주의 나라로 섬기겠다는 굴욕적인 항복을 하게 되었다.

이후 굴욕적인 항복의 영향으로 청나라가 명나라를 공격하는 전투에 임경업이 나서게 되었다. 하지만 임경업은 명나라와 몰래 내통하며 싸우는 척만 하고 돌아왔다. 이런 일이 거듭되자 임경업은 청나라에 잡혀 가게 되었지만 탈출하여 명나라로 망명하였다.

나선 정벌

1654년(효종 5), 청나라는 또다시 원군 요청을 해 왔다. 당시 흑룡강과 송화강 일대를 침범하던 러시아를 공격하기 위해 조총 사수를 보내달라는 것이었다. 청나라가 조총 사수 파병을 요청한 것은 당시 조선에 성능 좋은 조총과 실력 있는 사수가 많음을 알고 있기 때문이었다.

조선 조정은 함경도 병마우후 변급을 지휘관으로 하여 조총 사수 150여 명을 청나라로 보냈다. 이들은 3월에 청나라에 닿아 750명 규모의 조·청 연합군을 조직하고 흑룡강 일대 수색에 나섰다.

수색을 계속하던 연합군은 4월 28일에 러시아군과 마주쳤다. 연합군은 신속히 강가에 진을 치고 강 가운데에 있는 러시아 선단을 향해 조총 사격을 가했다. 연합군의 추격이 계속되자 러시아군은 긴급히 흑룡강을 건너 자신들의 영토로 대피했다.

러시아군을 몰아낸 연합군은 더 이상 러시아군이 침입하지 못하도록 토성으로 진지를 쌓아 놓고 6월 18일에 청나라 군사의 본거지 영고탑에 개선하였다. 이것이 제1차 나선 정벌이었다.

그러나 나선 정벌 이후에도 흑룡강 일대의 러시아 군사는 좀처럼 소탕되지 않았다. 청나라에서는 흑룡강 일대가 소란스러워질 때 마다 군사들을 보내었으나 쉽게 안정되지 않아 다시금 러시아군을 전면 공격할 계획을 세웠다. 이에 1658년(효종 9)에 조선의 2차 파병을 요청해 왔다.

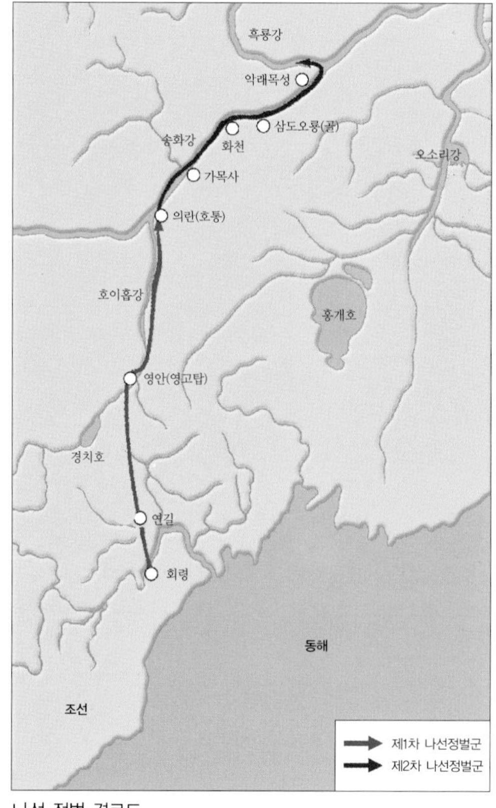

나선 정벌 경로도

이번에는 함경도 병마우사 신류가 지휘관이 되었다. 조선에서 파견하는 군사는 조총 사수 200명과 지원부대를 포함해 265명 규모였다. 청나라 군사를 포함해 2,400여 명의 조·청 연합군이 조직되었다.

6월 5일 전선으로 출발한 연합군은 6월 10일 흑룡강 어귀에서 첫 교전을 벌였다. 연합군이 러시아 선단을 향해 포격하자 러시아 병사들도 포를 쏘았다. 조총에 화살까지 동원된 치열한 전투였다.

시간이 지날수록 연합군의 공격을 버텨내기 힘들다고 판단한 러시아군은 배를 버리고 도망치고 말았다.

청군의 전사자는 110명, 부상자는 200여 명이었지만 조선군은 전사 8명, 중상 14명, 경상 11명에 불과했다. 조선군의 파병부대가 여덟 전우의 주검을 이국 땅 흑룡강가에 묻은 후 부상한 전우를 이끌고 돌아온 것은 1658년 8월 27일이었다.

정주성 전투[2]

"서북인을 차별하지 말라! 국가가 위급할 때는 우리 힘을 빌리면서 400년 동안 조정에서 서북인에게 혜택을 준 게 무엇이냐!"

몰락한 양반 집안에서 태어난 홍경래는 평안도를 비롯한 서북 지방 사람을 차별하는 것을 부각시키며 10년간 준비한 난을 일으켰다.

1811년(순조 11) 12월 18일, 가산 다복동에서 봉기한 반군은 불과 5~6일 만에 가산, 박천, 곽산, 정주, 선천, 철산, 서림성, 용천 등 청천강 이북의 8개 읍을 손에 넣었다. 거침없는 반군은 이제 한양으로 내려가기 위한 길목인 안주를 점령하기 위해 박천의 송림리로 모여들었다.

그러나 안주에는 평안도 절도사 이해우와 안주 목사 조종용이 1,000명의 군사로 방어하고 있었다. 게다가 곽산 군수 이영식이 군사를 이끌고 도우러 오자 홍경래의 반군은 큰 타격을 입고 모두 평안도 정주의 정주성으로 들어가서 버티었다. 귀성 지방에 있던 반군도 관군에게 밀려나 정주성으로 들어왔다. 반란 초기 승승장구하던 반군은 관군에게 급격히 밀리며 이제 정주성 한 곳만을 근거지로 하게 되었다.

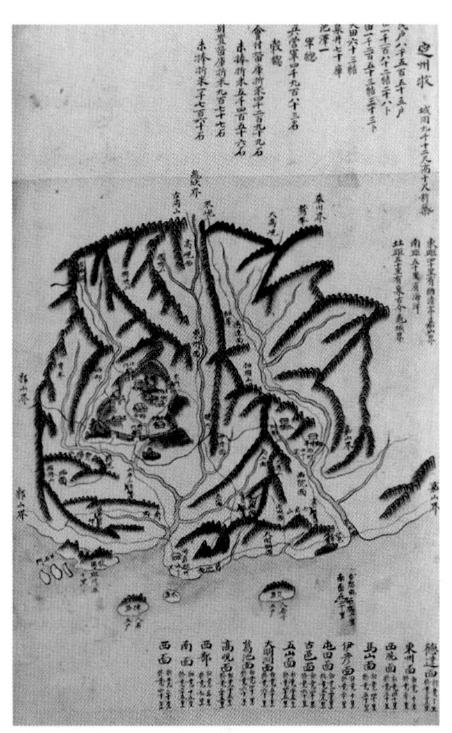

정주목 지형도

관군은 처음에 정주성의 반군을 만만히 보고 공격을 감행했으나 1812년 1월 5일부터 19일까지 이어진 세 차례의 공격에서 큰 피해만을 입고 물러났다. 관군이 가까이 올 때까지는 사격을 하지 않다가 어느 정도 가까워지면 신호에 따라 일제히 사격을 가하는 반군의 작전에 말려든 것이다.

조선 조정은 이렇게 한 달 이상 정주성을 포위만 하고 제대로 된 진압을 펼치지 못하는 책임을 물어 평안도 병마절도사 이해우를 해임하기도 했지만 좀처럼 효과를 보지 못했다. 그러자 관군은 마지막 수단을 고려하게 되었다.

"해서는 안 될 일이지만 이 방법 밖에는 도리가 없다."

성을 완전히 함몰시키기로 작전을 바꾼 것이었다. 관군은 광부들을 동원하여 성 밑으로 땅굴을 파기 시작했다. 반군들 몰래 조금씩 파들어가던 땅굴은 보름 만에 성 아래쪽까지 파들어가게 되었다. 그간 지상에서는 반군들이 눈치채지 못하도록 성 안으로 여러 차례 공격을 가했다. 그리고는 화약 1,710근을 성 밑에 차곡차곡 쌓았다.

이윽고 이튿날 새벽, 화약에 불을 붙이자 엄청난 폭음과 함께 성벽이 무너졌다. 수많은 반군이 다치거나 죽었고 반군의 우두머리 홍경래도 파편에 맞아 목숨을 잃었다. 이리하여 약 5개월 만에 홍경래의 난이 평정되었다.

홍경래가 최후를 맞이한 정주성

정족산성 전투

18세기 말, 전통적인 유교 국가 조선에 서학이라 불리던 천주교가 들어왔다. 제사를 지내지 않는 등 기존 유교 사상과 너무나도 다른 서학은 유학자와 정치인들로부터 온갖 박해를 받게 되었다. 특히 철종에 이어 고종이 즉위하고 흥선대원군이 집권하면서 탄압의 수위가 더 심해져 9명의 프랑스인 선교사와 수천 명의 교도들이 생명을 잃고 말았다.

프랑스 신부들이 살해당했다는 소식은 중국 톈진에 주둔하고 있던 프랑스 극동함대에까지 알려졌다. 프랑스 극동함대의 사령관 로즈 제독은 이를 응징한다는 명분으로 1866년 (고종 3) 10월 14일, 7척의 군함과 1,000여 명의 군사를 앞세워 강화도에 침입해 무기와 군량, 서적 등을 약탈하였다. 조선 군사보다 사정거리도 길고 발사 속도도 빠른 최신식 무기로 무장한 프랑스군은 조선이 프랑스인 9명을 죽였으니 보복으로 조선인 9,000명을 죽이겠다고 통보했다.

그러던 중 10월 26일, 바다 건너 김포의 문수산성을 지키고 있던 순무영초관 한성근은 50명의 적은 군사로 약 120명의 프랑스군과 공방전을 벌여 크게 이겼다. 싸움에서 패한 프랑스군은 27명의 사상자를 내고 달아났다.

부대장 격인 양헌수와 이용희는 강화도를 점령한 프랑스군과 싸울 장소로 강화 남쪽에 있는 정족산성을 택했다. 이 성은 삼국 시대의 산성으로 그 이후 버려졌던 성이다.

11월 7일 강화해협을 건너 정족산성으로 들어간 양헌수와 이

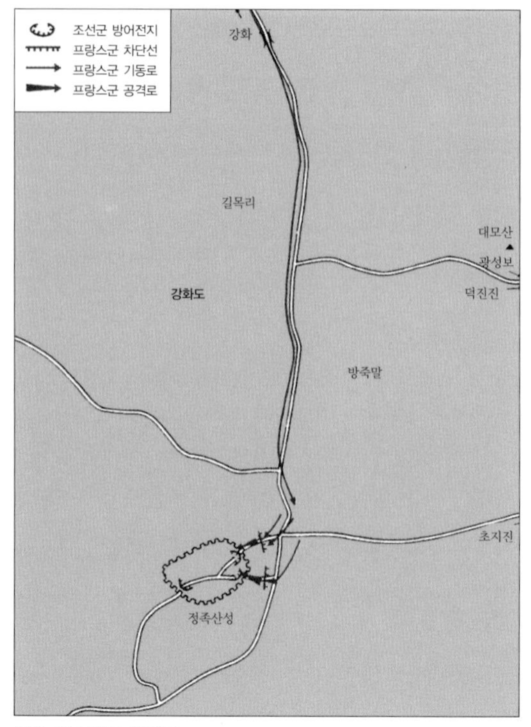

정족산성 전투 상황도

용희는 500명의 정예부대를 산성에 배치하였다. 조선 군사들이 정족산성에 진을 치고 있다는 소식을 들은 프랑스군은 이틀 후인 11월 9일에 정족산성 공격을 개시했다. 그러나 프랑스군은 조선 병사들을 얕잡아 보고 불과 150명의 군사만 투입했다.

강화부 지형도

성을 지키고 있던 조선군은 프랑스군이 산성 100m 지점까지 다다르자 일제히 사격을 시작했다. 프랑스군은 월등히 좋은 무기를 보유했지만 처음부터 수세에 몰리고 말았다. 작전을 잘못 계획한 것이었다. 대포를 가지고 오지 않았기 때문에 조선군의 화력을 당해낼 수 없었고, 병력의 수도 조선 군사를 따르지 못하였다. 공방전 끝에 프랑스군은 30여 명의 사상자를 두고 도망칠 수밖에 없었다.

프랑스군은 한 달 이상 강화도에 머물렀지만 더 이상 공격을 펼칠 여력이 없었다. 결국 프랑스군은 여러 관아에 불을 지르고 11월 18일에 조선 땅에서 물러갔다.

이 전쟁으로 인해 나폴레옹 3세가 다스리는 프랑스의 위신이 크게 떨어졌다. 이 전쟁을 병인양요丙寅洋擾라 한다. 양요는 서양 사람이 일으킨 난리를 뜻한다.

광성진 전투

1866년 7월, 미국의 상선 제너럴 셔먼호가 대동강을 따라 평양까지 들어와서 통상을 요구했으나 거절당했다. 그러나 셔먼호가 돌아가지 않고 계속 평양에 머물며 온갖 만행을 저지르자 조선군이 포격을 가해 격침하는 일이 일어났다. 이를 수습하던 미국은 어떻게든 조선과 교역을 하려 했지만 여의치 않자 1871년 6월 10일에 강화도 공격을 감행하였다.

미국 함대는 강화도에 닿자 맹렬한 포격을 가하여 초지진을 점령하고 450여 명의 병력을 상륙시켰다. 신미양요辛未洋擾의 시작이었다.

강화도에는 어재연이 지휘하는 600여 명의 병력이 있었다. 어재연의 군사는 세 개의 돈대에 나누어 배치되어 있었는데 미국 함대의 공격에 밀려 남은 병력 모두가 광성진에 모이게 되었다.

"이제 우리는 더 물러설 곳도, 갈 곳도 없다. 광성진은 최후의 보루다. 포를 쏘고, 총을 쏘고, 그래도 안 되면 맨몸으로 싸우다 죽는 것이다!"

사령관인 어재연이 군사들 앞에서 비장한 결의를 보였다. 군사들 역시 결사의 각오가 되어 있었다.

6월 11일 오후가 되자 미국군은 광성진을 향해 집중 포격을 시작했다. 상륙 부대의 화포가 하늘을 날았고 바다 위 군함에서는 쉴 새 없이 함포가 발사되었다. 조선군도 이에 질세라 적진에 포격과 총격을 퍼부었다. 그러나 조선군의 약한 공격력으로는 미국군을 당해내기 쉽지 않았다. 조선 군사들은 하나둘씩 쓰러져 갔다. 어재연도 적탄에 쓰러지고 그의 동생 어재순도 전사했다. 350여 명이 장렬히 전사했고 살아남은 몇 사람도 적의 포로가 되지 않기 위해 자결했다.

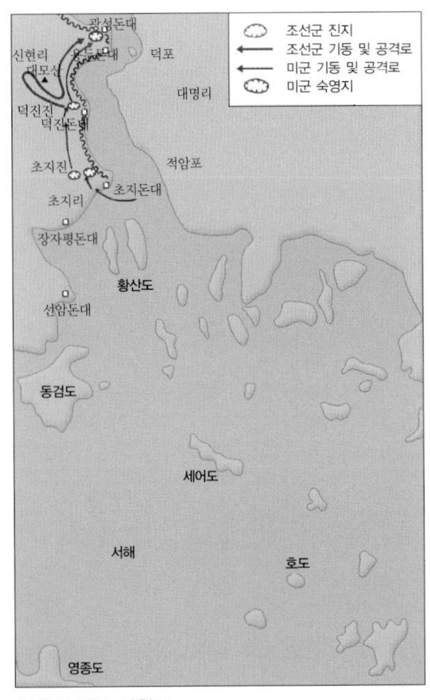

광성진 전투 상황도

미국군은 한양까지 진격하여 통상을 요구할 생각이었으나 광성진 전투에서 조선 군사가 결사적으로 싸우는 것을 보고 더 이상의 진격은 무리라고 판단하여 강화도를 떠났다. 이 싸움에서 미국군은 조선 장수의 깃발인 수자기帥字旗를 빼앗아 가져갔다.

황토현 전투

조선 말기, 근대 문물의 수용과 각종 배상금 지급 등으로 국가 재정은 궁핍해지고 농민에 대한 수탈은 나날이 늘어만 갔다. 게다가 일본의 경제적 침투는 농촌 경제를 더욱더 어렵게 만들고 있었다. 이때 전라도 고부 군수 조병갑이 농민을 동원하여 만석보를 고친 다음 수리세를 거둬들이는 일이 발생했다. 전창혁이라 하는 사람이 지방민을 이끌고 이를 시정하도록 여러 번 요구하자 조병갑은 전창혁에게 민란의 주도자라는 혐의를 씌워 죽였다. 이후 농민의 불만은 더욱 거세어져만 갔다.

한편 이 즈음 최제우가 창시한 민족적인 종교 '동학'이 농민들 사이에서 널리 퍼지고 있었다. 양반사회의 해체기에 등장한 동학은 한울에 대한 공경인 경천과 사람이 곧 한울이라는 '인내천人乃天'을 중심으로 하는 민중 종교로 발전했다.

전창혁의 아들 전봉준은 이들 동학교도와 농민들을 모아 조직적인 민중 운동을 일으켰다. 1894년(고종 31) 3월 고부에서 동학도들이 횃불을 들었고 고창, 부안, 태안 등에 있는 동학도와 농민들이 일어났다. 이들은 고부군 백산에 모여 나라 일을 돕고 백성을 편안하게 한다는 뜻의 보국안민輔國安民을 내세우고 8,000명의 동학군을 조직했다. 전봉준을 대장으로 하고 손화중과 김개남 등을 지휘관으로 정한 후 관아에서 빼앗은 무기로 무장했다. 그리고 백산에 나라가 어려워 의롭게 일어난 군사를 거느린 대장이 있는 본영이라는 뜻의 호남창의대장소湖南倡義大將所를 차렸다.

사태가 심상치 않다고 판단한 전라도 관찰사 김문현은 이경호를 총지휘관으로 하는 2,000명의 관군을 보내 동학군을 토벌하도록 하였다.

동학농민운동을 지휘하는 전봉준 기록화

"우리는 정의를 위해서 일어섰다. 관군이 우리 목숨을 노리는데 앉아서 죽을 수는 없다. 당당하게 싸우자!"

전봉준은 군사를 이끌고 황토현으로 이동했다. 그리고는 동학군을 격려하며 관군에 대항할 준비를 했다. 짚으로 가짜 성을 만들고 허수아비를 세워 관군을 교란하는 한편 다른 곳에 군사를 매복시키고 신호가 있을 때까지는 관군을 공격하지 않도록 지시했다.

전봉준에게는 장태라는 신무기가 있었다. 장태는 본래 대나무를 길고 둥근 항아리 모양으로 엮어서 닭과 병아리를 키울 수 있도록 만든 둥지다. 그러나 장태 안에 짚을 채워 넣은 다음 칼을 여러 개 꽂으면 무기로 탈바꿈했다. 이를 진영 앞에 놓으면 방어용 무기가 되고 높은 곳에서 굴리면 공격용 무기로도 활용할 수 있었다.

4월 6일이 되자 관군이 황토현 아래로 몰려들기 시작하였다. 이날 밤부터 전투가 시작되었다. 관군은 성을 향해 아무리 총을 쏘아도 반응이 없자 성안으로 돌격했다. 그러나 성안은 텅 비어 있었다. 그제서야 동학군은 관군을 포위하고 사방에서 사격을 하며 장태를 굴렸다. 관군은 동학군의 함정에 빠진 것을 알고 결사적으로 싸웠지만 전세는 이미 동학군 쪽으로 기운 후였다.

이 싸움에서 관군 75명이 희생되었고 총지휘관 이경호도 전사를 했다. 살아남은 관군은 달아나기 급급했다.

우금치 전투

조선 조정은 도저히 동학군을 당해 낼 수 없음을 알고 동학군 지도자 전봉준에게 강화를 제의하였다. 동학군의 요구를 들어 줄 테니 싸움을 그만 두자는 것이었다.

전봉준은 바르지 못한 관리를 처단할 것, 부호들의 횡포를 막을 것, 노비의 문서를 없앨 것, 신분 차별을 없앨 것, 일본 상인을 단속할 것 등 여러 가지를 정치에 반영하라고 요구하였다. 다급한 조선 조정은 하는 수 없이 이를 받아들였다. 전봉준은 이들 약속이 잘 실행되는가를 감시하기 위해 전라도 53개 군에 집강소執綱所라는 기관을 설치하기도 했다.

그러나 약속은 오래 가지 않았다. 정부에서는 동학군을 없애기 위해 청나라 군사를 불러들였고, 청나라 군사가 들어오자 이에 질세라 일본군까지 나서게 되었다. 청나라와 일본은 조선의 지배권을 쥐기 위해 우리나라 일대와 중국 본토에서 전쟁을 벌이기도 했다. 이를 청일전쟁이라 하는데 여기서 승리한 일본은 조선 정치에 간섭하며 점점 더 큰 압박을 가했다.

"더는 참을 수 없구나. 왜놈을 쳐부수어야 한다!"

이를 지켜보던 전봉준은 '척왜斥倭'의 깃발을 들고 다시 일어섰다. 척왜는 왜놈을 쳐부수자는 뜻이다.

다시 일어선 동학군은 예전보다 힘이 강해졌다. 전봉준의 남접군과 손병희의 북접군을 합쳐 10만 명에 달하는 군사가 모였고 정예부대만도 1만 명에 이르렀다. 동학군은 한양으로 진군하여 일본 세력과 일본의 손아귀에 놓인 정부 벼슬아치들을 타도할 계획을 세우고 충청도 공주에 군사를 모았다.

11월 19일부터 동학군은 공주에서 가까운 여러 곳에서 관군과 일본군을 상대로 전투를 거듭하였다. 양편이 많은 사상자를 내

동학농민운동 기록화

었는데 아직 무기를 제대로 갖추지 못한 동학군의 희생이 컸다.

양편 군사는 12월 4일부터 공주 우금치에서 치열한 공방전을 펼치게 되었다. 동학군의 군사가 숫적으로는 우세했지만 유리한 위치에서 강력한 화기로 공격하는 관군과 일본군을 당해 내기엔 역부족이었다.

전투는 이레 동안이나 계속되었다. 동학군은 구식 무기로 싸우다가 총알이 다하고 창칼이 부러지면 맨몸뚱이로 돌격하였다. 주검이 쌓이고 피가 내를 이루었다.

이레 동안의 싸움에서 동학군은 엄청난 타격을 입었다. 이 패배로 동학군은 한양으로의 진군 계획을 사실상 포기해야 했다.

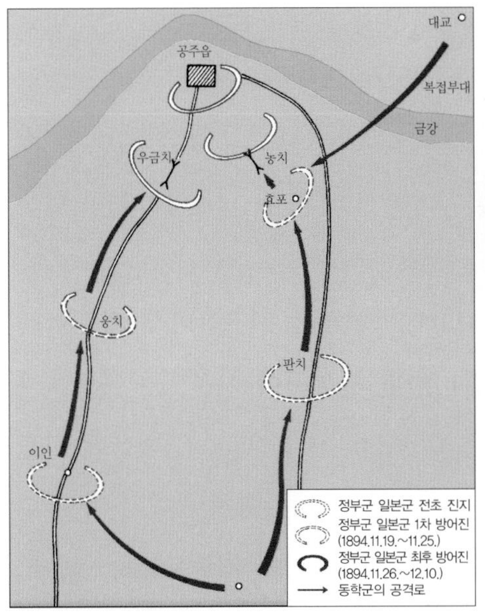

우금치 전투 상황도

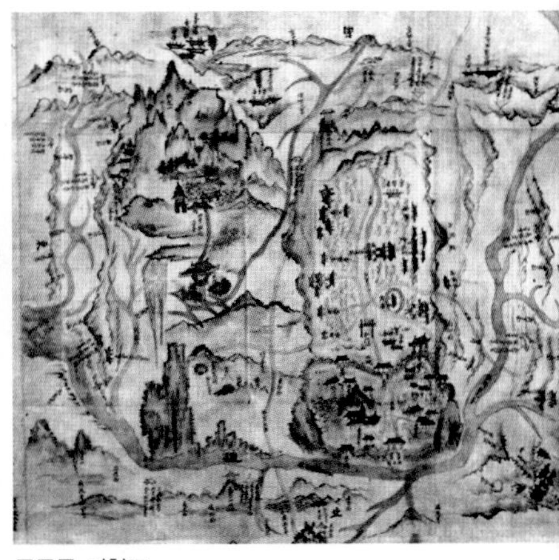
공주목 지형도

백현 전투

1895년 8월 20일 을미사변이 일어났다. 일본 공사 미우라 고로가 자객을 보내 조선 황후 민씨를 암살한 것이다.

"세상에 이런 일이 벌어지다니……. 왜놈은 철천지 원수다!"

황후가 무참히 살해당했다는 것을 알게 된 사람들은 이를 갈았다. 그중에는 직접 복수하겠다며 울분을 터뜨리는 이도 많아 각지에서 의병이 일어났다. 경기도 이천에서도 나라의 원수를 갚기 위해 민승천 등을 중심으로 의병 모의를 하게 되었다. 경기도 각 고을과 남한산성 등지에 소속된 포군砲軍 1,000여 명이 모였다.

불안을 느낀 일본군 수비대는 의병을 진압하기 위해 180여 명의 군인을 이천으로 급파했다. 일본군이 이천으로 들어온다는 것을 알게 된 의병들은 1896년 1월 17일 이천 백현에 진을 치고 부대를 셋으로 나누었다. 한 부대는 백현 꼭대기에, 다른 두 부대는 백현 들머리와 우묵한 골짜기에 매복하고는 일본군이 오기만을 기다렸다.

이튿날이 되자 일본군 수비대가 도착했다. 조성학이 거느린 백현 들머리의 의병 부대가 일본군을 발견하고 먼저 공격을 시작했다. 두어 시간 총격전을 벌이던 조성학의 부대는 후퇴하는 척 하며 골짜기 쪽으로 물러났다. 일본군 수비대는 의병이 자신들을 유인하는 것이라고는 꿈에도 생각하지 못한 채 총을 쏘며 맹추격을 가했다.

골짜기에 다다랐을 무렵, 쫓기던 의병 부대가 갑자기 돌아서서 일본군을 공격하였다. 이를 신호로 하여 골짜기와 산 위에 매복해 있던 의병 부대에서도 집중 사격이 시작되었다. 의병의 수가 얼마 되지 않는다고 생각하여 추격하던 일본군 수비대가 1,000여 명의 의병에게 완전히 포위된 것이었다. 일본군 수비대는 포위망 속에서 갈팡질팡하다가 수십 명이 죽고 날이 저문 뒤에야 겨우 달아났다.

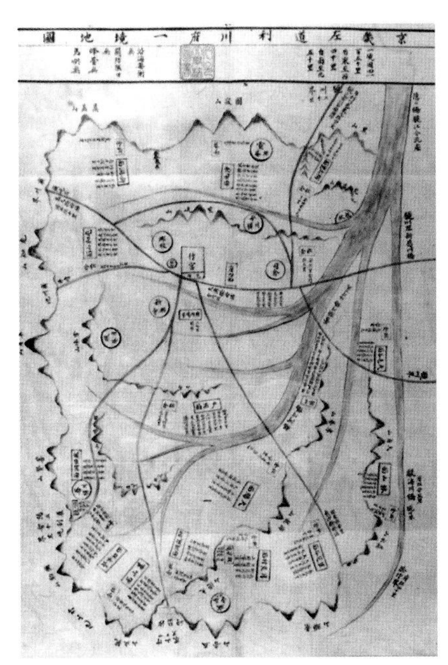

이천 지형도

"한 놈도 놓치지 말라. 뒤쫓아라!"

의병은 일본군 수비대의 뒤를 쫓아 여주까지 진격했다. 긴 추격전 끝에 일본군 수비대 180명은 완전히 궤멸하고 말았다.

참으로 통쾌한 승리였다. 이 승리를 바탕으로 다른 지역의 의병들도 큰 용기를 얻을 수 있었다. 그러나 승리의 기쁨은 오래 가지 않았다. 일본군은 여러 신무기로 조선의 의병들을 더욱 몰아부쳤고 조선의 의병들은 하나 둘 쓰러져 강산을 피로 물들였다.

이 당시의 대표적인 의병장은 유인석, 이인영, 허위, 최익현, 민종식, 신돌석, 이강년, 기삼연, 민긍호, 차도선 등이었다.

홍주성 전투

을미사변 이후 일제는 조선에 대한 압박을 더욱 강화하였다. 1905년 일제에 의해 을사조약이 강제로 체결되자 충청도 의병들이 힘을 모아 충청도 서부의 중심지인 홍주성(지금의 홍성)을 치기로 하였다. 여기에 주둔하고 있는 일본 헌병대와 물자 수탈을 위해 모여든 일본인 거류민단이 공격 목표였다.

민종식을 대장으로 한 의병 부대는 1,000여 명이었는데, 이 중 신식 총과 화승총으로 무장한 이는 500여 명에 불과했다. 화승총은 화약 심지에 불을 달아서 총알을 쏘는 구식 소총이다. 나머지 500여 명은 창과 칼 또는 활로 무장하거나 심지어 맨주먹에 몽둥이만을 들기도 했다.

의병 부대는 1906년 5월 19일 홍주성 서남쪽 남산에 진을 치고 일본 헌병대와 거류민단이 있는 남문을 맹렬히 공격하였다. 일본 헌병과 거류민단은 즉시 반격하였으나 이길 수 있는 상황이 아니라는 것을 알고 북문을 통해 달아나 버렸다.

이튿날이 되자 일본 헌병은 경찰과 힘을 합쳐 홍주성을 공격하였다. 다섯 차례에 걸친 공격은 의병에게 호서의 중심지인 홍주성을 빼앗길 수 없다는 의지의 표현이었다. 그러나 일본군 정찰병 7명이 의병의 총에 사살당했을 뿐 일본군이 얻은 것은 아무것도 없었다.

친일 정부에서도 공주와 청주의 군사, 일본 헌병 등을 동원해 홍주성을 공격하였으나 역시 아무 성과도 얻지 못하고 돌아서야 했다. 견고한 성벽에 의지한 의병들의 집중 사격을 당해내지 못했기 때문이었다.

소규모의 공격으로는 의병들을 상대하기 어렵다는 것을 알게 된 조선 주둔 일본군 사령관은 2개 중대의 병력을 홍성으로 급

홍주성 전투 기록화

파하였다. 5월 29일 홍주성에 도착한 일본군은 성의 남문과 서문에서 기관총 사격을 하며 기선을 제압했다. 이렇게 하여 의병의 주력 부대를 한쪽으로 몰아 놓은 일본군은 5월 31일 새벽을 맞아 총공격을 실시했다.

신무기로 무장한 일본군이 동문과 북문으로 몰려 들어오자 의병들은 백병전을 벌였다. 그러나 강한 무기를 지닌 일본군을 당할 수는 없었다. 일본군은 10여 명이 전사했지만 의병은 82명이나 전사했고 붙잡힌 의병도 145명이었다.

홍주성 전투는 신돌석의 의병 활동과 더불어 한말 의병 사상 손꼽히는 혈전이었다.

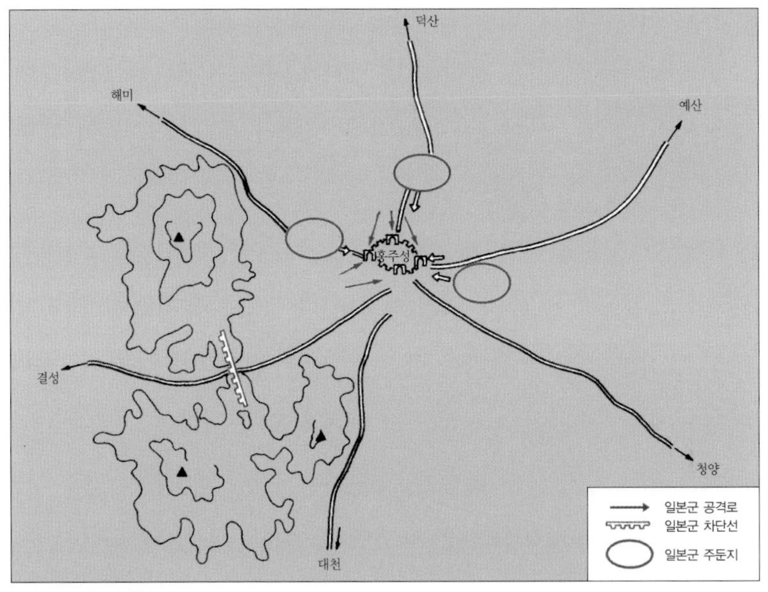

홍주성 전투 상황도

신돌석 부대의 전투

"왜놈이 들어와서 우리 국모를 해치다니. 이건 참을 수 없다!"
경상도 영덕에서 약 100명의 젊은이가 일본군에 맞서기 위해 의병을 조직하였다. 화승총으로 무장한 이들은 열아홉 살의 젊은 청년 신돌석을 중심으로 뭉쳤다. 이들이 나라를 위해 죽기로 서약한 것은 을미사변 이듬해인 1896년(건양 1) 3월이었다.

신돌석의 동지들은 남다른 용기와 의협심을 지닌 그를 의병대장이라 불렀다. 나이는 어리지만 신체가 장대하고 힘이 세며 지략 또한 뛰어난 사람이었다.

1905년 을사조약이 체결되어 일본이 우리의 주권을 거머쥐게 되자 신돌석은 더욱 의분에 떨었다. 그는 흩어졌던 의병을 다시 모집하며 공격 채비를 했다. 100여 명의 의병을 모아 1906년 4월에 울진에 있는 일본군의 배 9척을 습격하여 파괴했고 6월에는 원주의 일본군 부대를 기습하는 등 삼척, 강릉, 양양, 간성 등지에 주둔한 일본군을 무찔렀다. 이듬해인 1907년에도 영덕, 청송, 경주 등에서 전투를 벌여 셀 수 없이 많은 일본군의 목숨을 빼앗았다. 이렇게 되자 국민들은 의병장 신돌석을 '신출귀몰하는 태백산 호랑이'라 부르게 되었고 일본군들은 이 태백산 호랑이가 나타났다는 말만 들어도 두려워하게 되었다.

이해 12월에는 전국의 의병이 연합하여 서울을 공격하기로 하고 군사들이 경기도 양주에 모였다. 신돌석도 1,000명의 의병을 데리고 참가하였는데 평민 출신인 신돌석은 양반 출신 의병대장들의 자리다툼을 보고 다시 고향으로 되돌아왔다. 이후에도 신돌석의 부대는 평해, 춘양, 황지, 울진, 봉화 등지에서 일본군을 상대로 큰 전과를 올렸다.

일본군은 싸워서 이길 수 없는 신돌석의 목에 많은 현상금을 걸어 두었다. 결국 큰 업적을 쌓은 태백산 호랑이는 부하의 집에서 은신하던 중 계략에 빠져 암살당했다.

갑산 전투

일제의 횡포는 날이 갈수록 심해져만 갔다. 을사조약 이후 신출귀몰하던 신돌석마저 제거한 일제는 조선 조정에 더욱더 무리한 요구를 해 왔다. 1907년(융희 1)에는 고종 황제가 이토 히로부미와 이완용 등 친일 내각으로부터 헤이그 밀사사건에 대한 추궁을 당해 황제의 지위에서 물러나는 일마저 벌어졌다.

이 소식을 전해 들은 백성들이 가만 있을 리 없었다. 전국에서 또다시 의병이 일어났다. 이완용의 친일 내각은 의병을 막기 위해 '총포 화약 단속법'을 만들어 민간인들이 가진 화약과 무기를 압수하였다.

"이제는 의병을 이런 방법으로 막는구나. 그렇다면 우리들이 일어설 차례다!"

함경북도 북청 일대의 포수砲手들이 의병을 조직하였다. 차도선, 홍범도 등을 중심으로 한 400명의 포수들은 오랫동안 총으로 사냥을 해 온 명사수들이었다.

한편 총포 화약 단속법에 따른 총기 압수에는 일본 군인들이 직접 나섰다. 압수한 무기도 일본 군인의 호송 하에 운반했다. 이 정보를 입수한 차도선 부대 의병들은 1907년 11월 22일, 북청군과 풍산군의 경계인 후치령 골짜기에 숨어서 일본군 총기 호송대를 기다렸다. 얼마 지나지 않아 압수한 소총 수백 자루를 실은 수레가 멀리서 모습을 드러냈다. 일본군 수십 명과 함께였다. 총기 호송 행렬이 가까이 오기를 기다려 의병의 총이 불을

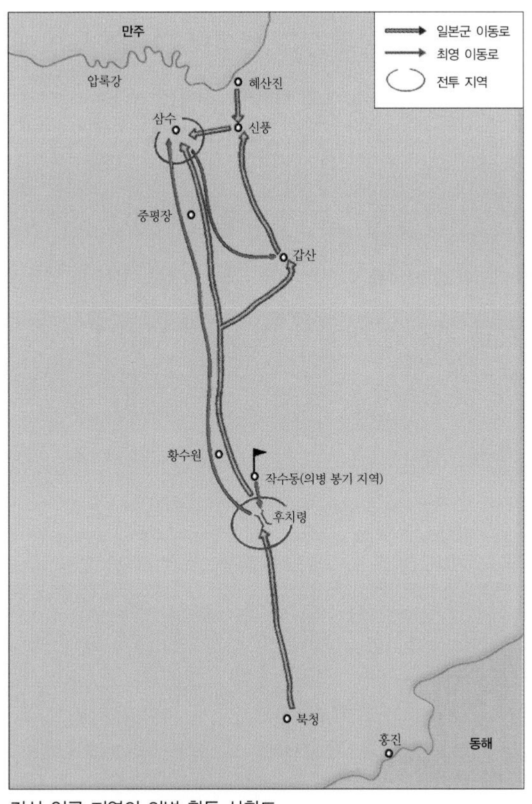

갑산 인근 지역의 의병 활동 상황도

뿐었다.

"꽝! 꽝! 꽝! 꽝!"

숲 속이 총소리로 메아리쳤다. 의병들의 사격은 정확했다. 그 자리에서 몇 명이 쓰러지자 일본군은 주검을 거둘 시간도 없이 달아나기 시작했다. 의병들이 일본군을 뒤쫓으며 사격을 가하자 달아나던 몇 명이 또 쓰러졌다. 의병들은 후치령이 떠나갈 듯이 만세를 불렀다.

25일이 되자 일본군 북청 수비대가 후투령 일대를 공격했지만 명사수들에게 거의 목숨을 잃었다. 12월 15일에는 일본군 화물수송대가 의병의 공격을 받기도 했다.

일본군은 차도선의 의병 부대를 궤멸하고자 거듭 공격을 가했지만 매번 큰 피해만 입고 후퇴할 뿐이었다. 이후에도 차도선의 의병 부대 400여 명은 포수 특유의 기동력과 정확한 사격 실력을 바탕으로 갑산 일대에서 유격전을 펼쳤다.

주요 인물

고경명(高敬命, 1553~1592)

임진왜란 때의 의병장. 문과에 장원 급제하여 울산군수, 영암군수, 동래부사 등을 지냈다.

당쟁으로 벼슬에서 물러나 고향에 있을 때 임진왜란이 일어났다. 광주에서 의병을 모집하여 7,000명의 군사로 왜군의 금산성을 공격했다. 이틀 간의 전투에서 병사들과 장렬히 전사했다.

곽재우(郭再祐, 1552~1617)

임진왜란 때의 의병장. 문과에 합격하였으나 답안이 왕의 뜻을 거슬렀다 하여 벼슬길에 나가지 못했다.

임진왜란이 일어나자 고향인 의령에서 의병을 일으켜 왜군과 맞서 싸웠다. 특히 매 전투마다 붉은 비단옷을 입고 싸워 홍의 장군(紅衣將軍)이라 불렸다.

곽재우 동상

충성이 인정되어 성주목사에 임명되었고 정유재란 후에 경상 좌도 방어사, 경상우도 조방장 등의 지위에 올랐다.

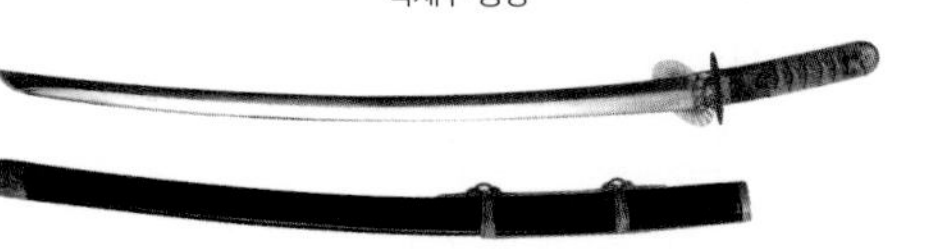

곽재우 장군 유물

권율(權慄, 1537~1599)

임진왜란 때의 장군. 문과에 급제하여 의주목사, 광주목사를 거쳐 전라도 순찰사에 올랐다. 수원 독산성에서 왜병을 무찌르고, 행주산성에서 큰 전과를 올렸다. 이 공을 인정받아 도원수에 오르고 임진왜란에서 육군을 총지휘한 장군으로 역사에 남게 되었다.

귀성군(龜城君, ?~1479)

조선 초기의 왕족. 세종의 손자. 무과에 장원급제하고 이듬해인 1467년(세조 13년)에 이시애가 난을 일으키자, 총사령관인 사도병마도총사가 되어 난을 평정하였다. 당시 그의 나이는 27세에 불과했다. 이시애의 난을 평정한 공으로 공신이 되었으며 병조판서를 거쳐 영의정에 특진되는 등 세조의 사랑을 받았다. 1470년 성종 임금이 즉위한 후, 성종을 몰아내고 왕이 되려 한다는 혐의를 받고 10년 동안 억울한 귀양살이를 하다가 죽었다.

김시민 신도비

김시민(金時敏, 1554~1592)
임진왜란 때의 장수. 무과에 급제하여 훈련원 판관 등을 거쳐 진주목사가 되었다. 곧 경상우도 병마절도사가 되어 여러 곳에서 왜군을 무찔렀다.

1592년 10월, 진주성으로 왜군이 몰려오자 각지에서 모인 의병들과 힘을 모아 승리를 거두었다. 그러나 이 과정에서 왜군의 조총에 맞아 치료하던 중 세상을 떠났다.

김종서(金宗瑞, 1390~1453)
조선 세종 때의 문신. 과거에 급제하여 사간원 우정언(右正言)이 되고, 우부대언(右副代言) 등을 지냈다. 1433년 함길도 도관찰사가 되어 여진족의 침입을 물리치고 6진을 설치하여 국경선을 두만강으로 확정하였다. 이후 형조판서, 예조판서를 거쳐 우의정에 오르고 '고려사절요' 등의 책을 엮었다.

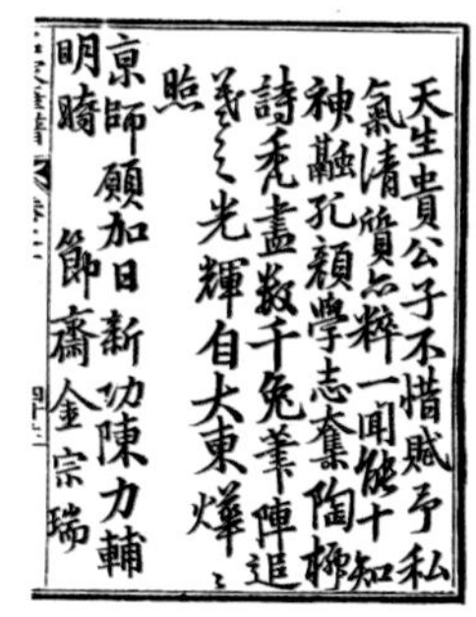
김종서의 글씨

세종을 이은 문종이 세상을 떠나자 12세에 왕이 된 단종을 받들며 좌의정의 자리에 있다가 왕위에 야욕을 가졌던 수양대군의 손에 죽었다. 대호라는 별명을 가질 만큼 문무를 갖춘 사람이었으므로 수양대군이 야망을 실현하는 데에 가장 문제되는 인물로 지목되었던 것이다.

김천일(金千鎰, 1537~1593)
임진왜란 때의 의병장. 본래 문신이었으나 임진왜란이 일어나자 고경명, 박광옥, 최경회 등과 함께 수백 명의 의병을 모아 왜적과 싸웠다.

주로 경기도 지방에서 활약하다가 진주성을 지키게 되었다. 적은 수의 의병으로 많은 수의 왜병과 싸우게 되었는데, 화살이 다하고 창 칼이 부러지자 대창으로 적을 찌르며 백병전을 벌였다.

격전 끝에 성이 왜병의 손에 넘어가자 "의병을 일으

키던 날 우리 목숨은 이미 나라에 바친 것이었다." 하고, 같이 싸우던 아들 상건(象乾)과 함께 남강에 몸을 던져 자결하였다.

논개(論介, ?~1593)
임진왜란 때의 순국 여성. 제2차 진주성 싸움에서 승리한 왜군이 남강가의 촉석루에서 잔치를 열고 논개에게 시중을 들게 하였는데 마침 한 왜장이 술에 취한 것을 알고 그를 안고 물속으로 몸을 던졌다. 이후 논개가 떨어져 죽은 바위를 의암(義岩)이라 부르게 되었다.

논개가 떨어져 죽은 의암

변급(邊岌, ?~?)
조선 효종 때의 무관. 함경도 병마우후로 있다가 1664년(효종 5) 청나라 군사를 도와 나선 정벌에 나섰다. 조총 사수 150여 명을 거느리고 두만강 건너 영고탑에서 청군과 연합군을 조직하였다.
4월에 흑룡강에서 러시아군을 맞아 크게 무찌른 뒤, 토성을 쌓아놓고 6월에 돌아왔다. 전라도 수군절도사, 충청도 수군절도사 등을 지냈다.

변이중(邊以中, 1546~1611)
임진왜란 때의 장수이자 무기 제작자. 문과에 급제하였고 임진왜란이 일어나자 군인을 모집하는 직책인 소모어사(召募御使)가 되었다.
전라도에서 병마와 무기를 모아 수원에 주둔하며 왜군과 싸웠고 화차 300대를 만들어 권율에게 나누어 주었다. 행주산성 싸움에 부하 군인을 이끌고 참전하여 화차를 이용해 큰 공을 세웠다. 그 후 군량미를 모으는 일을 맡았다.

송상현(宋象賢, 1551~1592)
조선 시대의 문신. 여러 벼슬을 거쳐 동래부사가 되었다. 임진왜란이 발발하자 군사와 백성을 거느리고 동래성에서 왜군과 싸웠다.
동래성이 함락될 즈음 조복으로 갈아입고 궁궐을 향해 임금께 작별 인사를 드렸으며 조복을 입은 채 왜병의 손에 목숨을 잃었

충청북도 청주시의 송상현묘

다. 죽기 직전에 잘 아는 왜인이 몸을 피할 곳을 일러주었으나 응하지 않았다.

왜군도 송상현의 충성에 감동하여 그의 무덤을 만들고 제사를 지내면서 시를 지어 읽었다고 한다.

신돌석(申乭石, 1878~1908)

한말의 의병장. 경북 영덕군 영해 출신으로 영남 일대에서 많은 일본군을 사살했다. 주로 을사 보호조약 이후인 1906년부터 활동을 하였는데 수많은 전과를 올려 태백산 호랑이라 불리기도 했다. 일본군은 그의 목에 큰 현상금을 걸기에 이르렀고 이를 탐낸 반역자에 의해 암살되었다.

신돌석의 부대는 규율이 엄격하여 백성들에게 폐를 끼치지 않았기 때문에 백성들로부터 많은 보호를 받을 수 있었다. 신돌석은 신분을 숨기기 위하여 태홍, 태을, 대호 등 여러 이름을 사용하였다. 의병장 가운데 가장 전과를 많이 올린 영웅이었다.

신돌석 장군 기념비

신류(申瀏, 1619~1680)

조선 효종 때의 무신. 1658년(효종 9) 제2차 나선정벌에 참가하였다. 조총사수 등 265명의 지원병을 이끌고 흑룡강에 가서 러시아군을 무찔렀다.

경상우도 병마절도사, 전라좌도 수군절도사, 삼도 수군 통제사, 포도대장 등을 지냈다. 나선정벌에 참가한 일기 기록인 '북정록(北征錄)'을 남겼다.

신립(申砬, 1546~1592)

임진왜란 때의 장군. 스물두 살에 무과에 급제하였다. 1583년(선조 16) 함경도 온성부사로 있을 때 여진족이 침입하자 큰 승리를 거두는 등 국경을 넘보는 오랑캐들을 여러 차례 격퇴하였다.

임진왜란이 일어나자 선조가 도순변사에 임명하고 보검을 하사하며 왜군을 막는 임무를 주었는데 충주 탄금대에서 왜군과 싸우다가 패배가 확실시 되자 자결하였다. 기대를 모았던 신립이 패하자 선조 임금은 서울을 버려두고 평양으로 피난을 떠나게 되었다.

양헌수(梁憲洙, 1816~1888)

조선 고종 때의 무신. 1866년(고종 3) 병인양요 때 정족산 전투에서 프랑스군을 크게 물리쳤다. 이후 포도대장을 거쳐 공조판서를 지냈다.

어재연(魚在淵, 1823~1871)

조선 고종 때의 장군. 1871년(고종 8) 신미양요 때에 순무중군(巡撫中軍)이 되었다.

강화도에 침입한 미국군의 함대를 맞아 총지휘관으로 광성진을 지켰다. 최후까지 독전을 하다가 350여 명의 군사들과 함께 장렬히 전사했다. 같이 종군한 동생 어재순도 함께 전사했다.

영규(靈圭, ?~1592)

임진왜란 때 의병을 모아 싸운 최초의 스님. 계룡산 갑사에서 스님으로 있다가 임진왜란이 일어나자 스님 의병 수백 명을 모아 목숨 바쳐 싸우기를 결의하였다.

조헌의 군사와 힘을 모아 왜군이 점령한 청주성을 찾고 이어서 왜군이 점령한 금산성을 공격하던 중 전사했다.

유정(惟政, 1544~1610)

사명당, 또는 송운대사라는 이름으로 널리 알려져 있다. 임진왜란이 일어나자 스승인 서산대사 휴정의 뜻을 따라 승병을 조직해 왜군과 싸웠다. 왜군과 강화가 시작된 뒤에는 적진을 세 차례 드나들며 뛰어난 언변으로 왜장을 굴복시켰다.

왜란이 끝난 후 국서를 가지고 일본으로 건너가 평화롭게 지내자는 조약을 맺고 일본에 잡혀 간 동포 3,500명을 데리고 돌아왔다. 이때 일본에서 조화를 부려 왜인들을 골탕먹이고 일본 왕으로부터 항복을 받았다는 전설이 전한다.

이순신(李舜臣, 1545~1598)

임진왜란 때의 명장. 무과에 급제하여 변방 직책을 떠돌다가 유성룡(柳成龍)의 천거로 승진하여 전라좌도 수군절도사의 자리에 올랐다. 거북선을 고안하여 만드는 등 군사 훈련에 힘쓰다가 임진왜란이 발발하자 옥포에서 왜선 30여 척 격침을 시작으로 사천, 당포, 당항포, 한산도, 부산포 등에서 놀라운 전과를 올려 삼도 수군통제사가 되었다.

그 뒤 모함을 입어 사형당할 위기에 처했다가

노량 앞바다

권율 장군 휘하에서 백의종군하게 되었다. 왜군의 침입이 재개되고 원균이 참패하자 다시 삼도 수군통제사로 임명되어 큰 승리를 거두었다. 임진왜란 마지막 해전인 노량해전에서 명나라 수군 장수 진린의 군사와 연합하여 큰 전과를 올리고 장렬히 전사했다.

선조 임금은 그의 전사 소식을 듣고 '충무(忠武)'라는 시호를 내려 공덕을 기렸다. 현재 이순신이 지은 '난중일기'와 각종 시조, 한시 등이 전한다.

이완(李莞, 1579~1627)
조선 중기의 무신. 임진왜란 때 숙부 이순신 밑에서 종군하였다. 노량해전에서 이순신이 쓰러진 후 그를 대신해 지휘하여 큰 승리를 이끌었다.

임진왜란 후 무과에 급제하여 평양중군, 충청도 병마절도사, 의주부윤 등을 지냈다. 1627년 정묘호란이 일어나자 의주성의 3,000명 군사로 3만 6,000의 대군에 맞서 싸우다 전사하였다.

이종무(李從茂, 1360~1425)
고려 말, 조선 초의 무신. 1381년(고려 우왕 7)에 왜구를 쳐부순 공으로 호군이 되었다. 1397년(조선 태조 6) 옹진만호로 있을 때 옹진에 침입한 왜구를 물리쳤다.

제2 왕자의 난에서 공을 세우고 명나라에 사신으로 다녀왔으며 장천군(長川君)에 봉해졌다. 1419년 삼군 도체찰사가 되어 박실, 이순몽과 힘께 전함 227척, 군사 1만 7,000여 명으로 제2차 대마도 정벌에 나섰다. 적선 129척을 불사르고 114명의 적을 죽인 후 대마도주 소오 사다모리의 항복을 받아왔다.

이징옥(李澄玉, ?~1453)
김종서의 부하로 6진 개척에 큰 공을 세운 장수. 그 후 김종서의 후임으로 함길도 도제절사를 맡아 국경을 지켰다.

계유정난을 일으켜 김종서 등 단종을 받드는 신하를 모두 죽인 수양대군은 이징옥을 제거하기 위해 서울로 불러들였으나 이징옥은 수양대군의 뜻을 먼저 알고 오던 길을 되돌아가 금나라를 잇는 대금(大金)이라는 나라를 세우고 스스로 황제가 되었다. 그러나 도읍지로 정한 오국성으로 가기 위해 두만강을 건너기 전날 밤, 종성 판관 정종과 호군 이행검의 손에 죽었다.

이천(李蕆, 1376~1451)
조선 초기의 무신이자 과학자. 무과에 급제하여 충청도 병마절도사를 거쳐 공조참판이 되었다. 세종의 왕명으로 활자 개량에 힘써 경자자와 갑인자를 완성하였고 화포를 만드는 등 무기 개량에도 힘썼다.

1337년에 평안도 병마 도절제사로 임명되어 압록강 일대의 여진족을 정벌하고 세종 임금에게 건의 후 4군을 설치하였다. 호조판서로 있던 1338년, 장영실과 함께 대간의, 소간의, 혼천의 등의 천문 관측 기계와 물시계인 자격루를 만들었다.

임경업(林慶業, 1594~1646)

병자호란 때의 장군. 무과에 급제하고 공신이 되었다. 평양 중군, 청북방어사 겸 의주부윤(淸北防禦使兼義州府尹)으로 있으면서 청나라의 침략에 대비해 백마산성과 의주성을 고쳐 쌓고 군사장비를 갖추었다.

1636년 병자호란이 일어나자 백마산성을 지켰고 청나라의 출병요구가 있을 때 나가서 싸우는 척만 하고 피해를 줄이려 했다. 이 사실을 안 청나라에 잡혀 가던 중 탈출하여 명나라에 망명하였다. 명나라의 장수가 된 임경업은 여러 공을 세우고 조선으로 돌아왔는데 간신 김자점에 의해 억울하게 목숨을 잃었다.

전봉준(全琫準, 1855~1895)

동학 혁명의 지도자. 녹두장군이라는 별명이 있다. 모순이 많은 사회를 개혁해 보고자 평등 사회 건설을 교리로 하는 동학에 입교하여 고부군 동학 책임자인 접주가 되었다.

보국안민을 목표로 김개남, 손화중 등과 의논하여 동학교도 중심의 농민군을 조직하였다. 서양세력을 물리치자(척양), 왜놈을 물리치자(척왜), 바르지 못한 관리를 타도하자 등을 목표로 내세우고 관군을 무찔렀다.

황토현에서 관군을 크게 무찌르고 정부의 강화 제의를 받아들였다. 그러나 정부에서 동학군을 토벌하기 위해 청나라 군사를 불러오고 청일전쟁을 거쳐 나라의 주권이 일본의 손아귀에 놓이자 일본군을 상대로 전투를 벌였다. 우금치 전투에서 크게 패한 후 관군에 붙잡혀 1895년(고종 32)에 처형당했다.

정발(鄭撥, 1553~1592)

조선 중기의 무신. 해남 현감을 비롯하여 여러 고을의 수령을 지내고 1592년 부산 첨제절사(첨사) 로 임명되었다.

1592년 임진왜란 첫 싸움인 부산진 전투에서 적은 군사로 1만 8,000명의 왜병과 싸우다가 전사하였다. 전쟁 준비가 없었던 나라에서 처음으로 왜란에 희생된 장군으로, 그의 빛나는 군인정신이 진왜란을 겪는 백성들에게 용기를 주었다.

정운(鄭運, 1543~1592)
임진왜란 때의 수군 장수. 무과에 급제하여 훈련원에서 일했으며 경상도 웅천(熊川)현감, 충청도 녹도 만호(鹿島萬戶) 등을 지냈다.
임진왜란이 일어나자 이순신 휘하의 선봉장이 되어 많은 전과를 올렸다. 옥포, 당포, 한산도 해전에서 큰 공을 세웠으며 부산포 해전에서도 선봉장으로 참여해 부하를 지휘하던 중 전사하였다.

조헌(趙憲, 1544~1592)
임진왜란 때의 의병장. 율곡 이이, 성혼(成渾) 등을 스승으로 모시고 학문을 닦았다. 문과에 급제하여 서울과 지방에서 벼슬살이를 하다가 물러났다.
임진왜란이 일어나자 충청도 옥천에서 의병을 모집했다. 스님 장수 영규가 모은 의병과 연합하여 왜군에게 빼앗긴 청주성을 도로 찾았다.
이어서 왜군이 점령한 금산성을 공격하던 중 700명 결사대와 같이 전사하였다. 결사대에는 그의 아들 조완기도 있었는데, 상황이 위급해지자 조완기가 아버지와 옷을 바꿔 입고 적의 집중 공격을 받았다. 조완기의 시신은 알아보기 힘들 만큼 많은 상처가 있었다고 한다.

차도선(車道善, ?~?)
한말의 의병장. 1907년 홍범도(洪範圖), 송상봉(宋相鳳) 등과 함께 함경도에서 포수들을 중심으로 한 의병을 조직하였다. 그해 11월 미야배(宮部)의 일본군을 상대로 큰 승리를 거두고 유격전을 펼쳤다.
한일 합방 이후에는 만주로 망명하여 항일단체 '포우단(砲牛團)'을 조직하는 등 독립운동에 힘을 기울였다.

처영(處英, ?~?)
임진왜란 때 승병을 일으킨 스님 장수. 서산대사 휴정의 제자. 휴정이 8도 스님들에게 의병을 일으키라는 격문을 돌리자 호남지방에서 승병 1,000명을 모았다. 권율을 따라 북진하면서 금산과 수원, 행주산성에서 큰 전공을 세웠다. 도원수가 된 권율의 명을 따라 남원의 교룡(蛟龍)산성을 고쳐 쌓기도 했다.
왕명으로 밀양 표충사 등에 휴정, 유정과 함께 그의 초상화를 모시게 되었다.

최윤덕(崔潤德, 1376~1445)
조선 초기의 무신. 어려서부터 활을 잘 쏘기로 유명했다. 무과에 급제하여 상호군이 되고 동북면 조전병마사(東北面助戰兵馬使)가 되었다. 1419년 대마도 정벌에 참

여하였으며 압록강 일대의 여진족이 국경에 침입해 백성들을 괴롭히자 평안도 병마 도절제사로 임명되어 여진족을 크게 무찔렀다. 벼슬이 병조판서, 우의정을 거쳐 좌의정에 이르렀다.

한성근(韓聖根, ?~?)
병인양요 때의 무관. 병인양요 때 50명의 부하를 거느리고 문수산성을 지키다가 프랑스 군사 120명을 급습하여 27명의 사상자를 냈다. 그 뒤 은산현감, 통진부사(通津府使), 병조참판, 한성판윤 등을 지냈으며 후배 군인의 신식 군사 훈련에 힘을 썼다,

홍경래(洪景來, 1780~1812)
조선 시대의 민중 반란 지도자. 평안도 용강 출신으로 과거에 낙방하자 서북 지방 출신에 대한 차별 때문이라 생각하고 사회의 구조적 모순을 고치기 위한 반란을 모의하였다. 우군칙(禹君則), 이희저(李禧著) 등과 의논하여 10여 년 동안 기회를 엿보던 중 1811년(순조 11)에 극심한 흉년이 들어 민심이 흉흉해진 틈을 타 반란을 일으켰다.
홍경래의 반란군은 한때 청천강 이북의 8개 지역을 점령하여 위세를 떨쳤지만 이후 관군에게 패하면서 정주성으로 후퇴하게 되었다. 정주성에서 몇 달을 버티었으나 성이 함락되고 홍경래도 총상을 입어 최후를 마쳤다.

휴정(休靜, 1520~1604)
임진왜란 때의 큰 스님. 아홉 살 때부터 절에서 공부했고 29세에 승과(스님들이 보는 과거)에 합격하였다. 계속 도를 닦아 서산대사라는 이름의 큰 스님으로 받들어졌다. 임진왜란이 일어나자 고령에도 불구하고 스님들을 모아 군대를 조직하고 왜군을 막도록 하였다.

무기

| 창 |

낭선

대나무 가지에 세모꼴의 날카로운 쇠를 달아 사용한 창.

가지를 그대로 남겨둔 대나무를 손잡이로 사용하는 병기로 중국에서 명나라 때 처음 만들었다. 무예도보통지에 따르면 길이는 15척(약 3~4.6m)이며 끝 부분에는 철로 된 예리한 날을 부착했다. 대나무 가지가 적의 공격을 방해하고 충격을 완화하는 역할도 했다. 하지만 길고 무거우며 부피가 커서 휴대하기가 불편하고 훈련받은 사람 이외에는 사용하기가 힘들었다.

낭선을 다루는 모습

| 칼 |

사인검

간지 중 무인을 상징하는 호랑이 인寅자가 네 번 겹치는 인년, 인월, 인일, 인시에 제작된 칼. 실제 전투에서 사용하였다기 보다는 권위를 나타내는 의장용 칼이다.

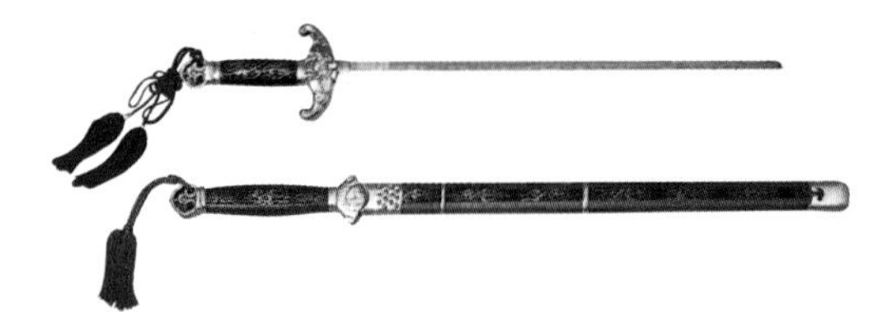

삼인검

간지의 인寅자가 세 번 겹칠 때 만든 칼. 사인검 다음으로 큰 권위가 담겨져 있는 칼이다.

언월도

긴 손잡이에 폭이 넓고 긴 초승달 모양의 칼날을 부착한 무기. 전체 길이가 2~3m에 달한다. 중국 전한시대에 사용하던 참마도가 발전하여 당나라 때에 이르러 오늘날 볼 수 있는 형태의 언월도가 되었다.

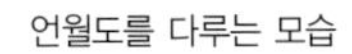

언월도를 다루는 모습

예도

곡선 형태를 한 일종의 환도. 무예도보통지에 따르면 칼날이 3척 3촌(약 68~102cm), 자루가 1척(약 20~31cm)이다.

운검 / 별운검

의전 행사 때 임금 주변에 위치한 고위급 무관이 차던 칼. 칼집과 자루에 구름 모양의 장식을 하였기에 운검이라는 명칭이 붙었다고 한다. 운검과 별운검의 형태상 차이는 거의 없지만 별운검이 보다 짧고 가늘었던 것으로 보인다. 명칭상으로는 양 날이 있는 칼처럼 생각되지만 실제로는 외날 칼인 도刀이다. 현재 전해지는 운검은 칼날의 길이가 73.1cm, 손잡이의 길이가 20cm고 별운검은 칼날의 길이가 54.8cm, 손잡이가 19cm다.

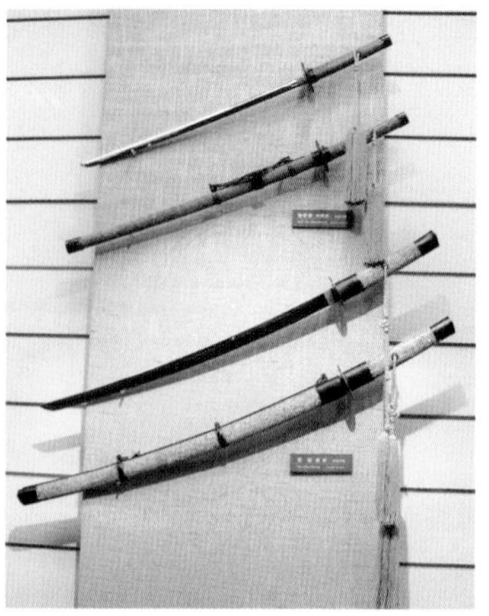
운검과 별운검

장도

칼날의 길이가 긴 칼. 『무예도보통지』에는 칼이 무거워 두 손으로 쓰기 때문에 쌍수도라 부른다는 기록도 있다. 현재 전하는 유물은 없지만 아산 현충사에 보관된 이순신의 장검이 이에 해당하는 것으로 추측된다. 이순신의 장검은 명칭과 달리 칼날이 하나인 도이고 전체 길이가 197.5cm로 매우 긴 편이다.

창포검

칼의 몸체가 마치 창포잎처럼 일직선으로 되어 있다고 하여 창포검이라는 이름이 붙었다. 위급한 상황에서 사용할 수 있도록 만든 호신용 무기로 지팡이나 대나무 막대 속에 넣어서 휴대할 수 있는 것들이 전해진다.

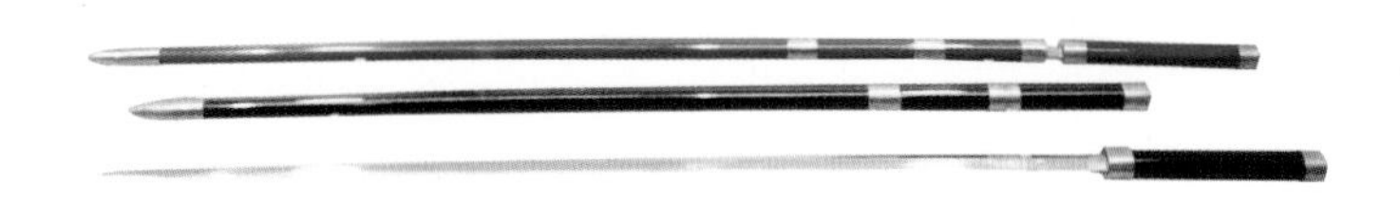

환도

조선 시대 병사들이 허리에 찼던 칼. 『세종실록』 등의 기록에 조선 시대 때 일반적으로 사용하던 칼로 등장한다. 길이 70~90cm에 무게 0.5~1.7kg 정도다.

환도를 다루는 모습

횃대

호신용 칼의 하나. 평상시에는 방 안에 옷을 걸 수 있도록 설치하는 횃대로 썼다. 가늘고 긴 직선 형태다.

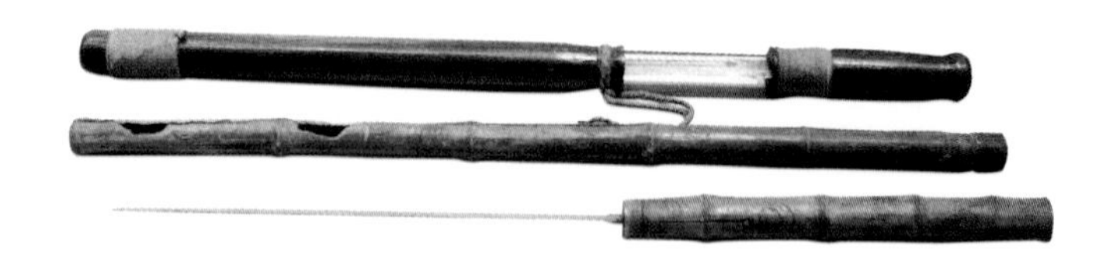

협도

몸체의 폭이 좁은 칼. 월도와 같이 긴 자루를 달아 사용하였으며, 칼끝이 갈라져 있어 살상효과가 컸다. 칼날의 길이는 3척(약 60~93cm)인데 비해 자루의 길이는 무려 7척(약 145~217cm)이었다. 무게는 약 2.5kg으로 전투시 선두에 서서 길을 여는 데 효과적이었다.

협도를 다루는 모습

| 타격 무기 |

편곤

적을 내리치는 용도로 쓰인 도리깨 모양의 무기. 단단한 나무로 만들며 수성전과 공성전에 많이 쓰였다. 머리 부분에 철을 댄 것을 철편곤 혹은 철편이라 불렀다. 말에서 사용하는 기병용 편곤은 마상편곤이라고 한다.

편곤을 다루는 모습

마상편곤을 다루는 모습

| 화약 무기 |

신기전

조선 시대에 사용한 로켓 무기. 고려 말에 최무선이 만든 '주화'를 1448년(세종 30)에 개량한 무기다. 종이로 만든 추진체통에 화약을 담아 스스로 날아가게 만들었다. 대신기전, 산화신기전, 중신기전, 소신기전 등 네 종류가 있다.

대신기전

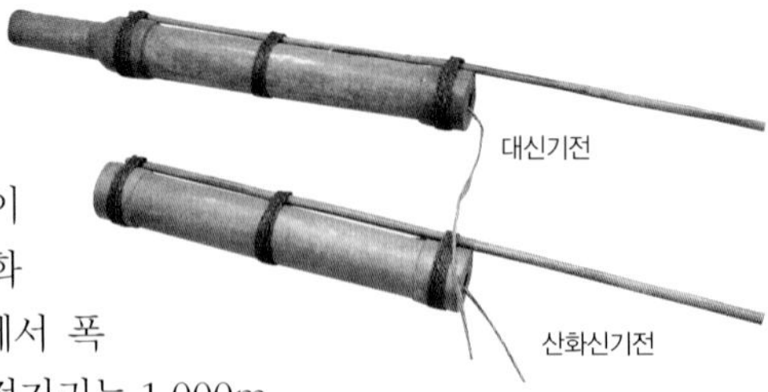

신기전 중 가장 큰 것. 약 530cm의 대나무에 화약이 담긴 종이통을 부착한 형태로 총 길이가 560cm 정도이다. 종이통 앞부분에 폭탄인 발화통이 부착되어 있어 목표지점에서 폭발할 수 있도록 설계되었다. 사정거리는 1,000m 이상이다.

대신기전

산화신기전

산화신기전

대신기전과 같은 크기의 신기전이지만 발화통이 부착되지 않은 것. 폭발을 일으키는 발화통 대신 불꽃을 일으키는 지화地火와 발화發火를 넣은 것으로 적을 혼란에 빠뜨리는 데 사용된다. 길이는 약 530cm고 사정거리는 1,000m 이상이다.

중신기전

약 145cm 길이의 신기전. 앞부분에 쇠로 만든 화살촉을 부착했고 종이통 폭탄인 소발화小發火를 부착해 목표지점에서 폭발할 수 있게 했다.

소신기전

신기전 중 가장 작은 크기로 약 115cm다. 쇠로 만든 화살촉이 앞부분에 있지만 폭탄은 부착하지 않았다.

신기전기

중신기전과 소신기전을 대량으로 발사할 수 있게 만든 발사장치. 둥근 구멍이 뚫린 나무통 100개를 나무상자에 쌓아 만들었다. 각 구멍에 신기전을 꽂은 뒤 신기전의 점화선을 한데 모아 불을 붙이면 동시에 100개의 신기전을 발사할 수 있다. 주로 화차에 설치하여 사용하였다.

신기전기화차에서 신기전을 발사하는 모습

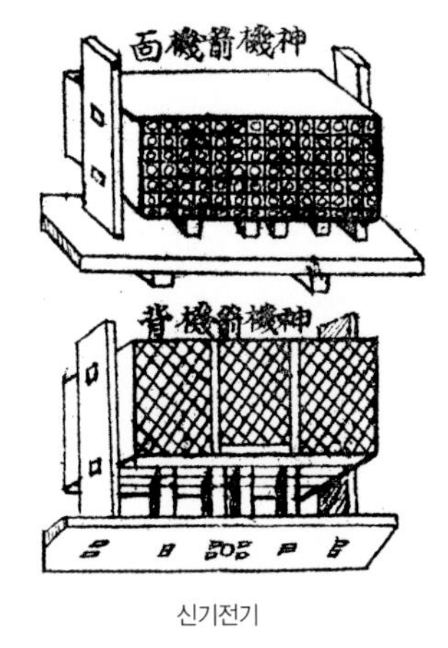

신기전기

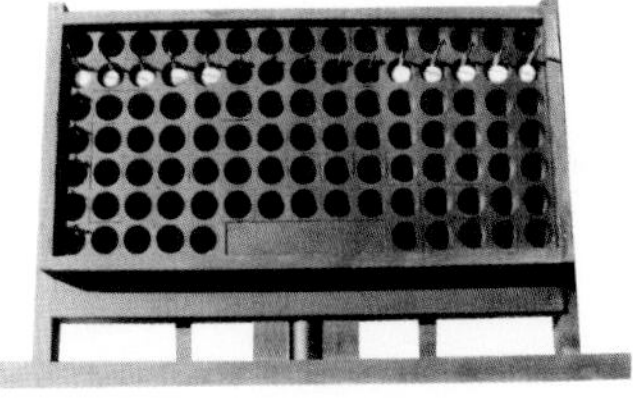

신기전틀

총통

조선 시대에 사용하던 화기를 통틀어 일컫는 말. 대부분 청동으로 만들었으며 크게 몸통인 통신 부분과 화약을 넣는 약실 부분으로 구성된다. 돌이나 철로 된 탄환이나 화살 등을 넣어 발사하였는데 발사시에 강한 압력으로 총통의 몸체가 터지는 것을 막기 위하여 대나무 마디 같은 죽절竹節을 만들어 둔 것이 조선식 총통의 특징이다.

구포

나무 받침틀에 고정되어 있는 것이 특징인 화포. 받침틀에도 고정 장치가 있는 것으로 미루어 별도의 선박이나 성곽 내지는 수레 위에 장착시켜 사용했던 것으로 보인다.

당총통

조선 중기 때 개인이 사용한 휴대용 총통. 길이는 약 91.5cm, 무게는 약 9.7kg이다. 몸체에는 마디가 없고 중간에 총통을 손잡이에 고정할 수 있도록 멈치쇠가 부착되어 있다.

대포

자유로운 조준과 이동이 가능한 포가砲架 위에 설치하게 만든 화포. 화포의 몸통이 터지는 것을 방지하기 위해 만든 죽절의 수가 많이 감소했다는 것이 특징이다.

백자총통

소형 화기와 대형 화포의 중간 성격을 지닌 총통. 대, 중, 소 백자총통이 있다. 한번에 많은 탄환을 쏠 수 있다고 하여 백자총통이라고 부르게 된 것으로 추정된다. 우리나라 전통 형식의 총통보다 마디의 간격이 좁은 것이 특징이다. 임진왜란 중인 1593년(선조 26) 1월 명나라 군대가 사용한 기록이 있으며 이후 조선 후기까지 사용하였다.

별황자총통

조선 후기에 사용한 대형 총통. 황자총통을 개량해 만든 총통이다. 철환이나 가죽 날개를 단 피령전을 발사하였다. 길이는 약 89cm, 무게는 약 204근으로 황자총통보다 약간 크다.

불랑기

조선 중기에 만든 서양식 화포. 포구를 통해 화약과 탄환을 장전하는 종래의 방법과는 달리 포의 뒷부분을 통해서 화약과 탄환을 장전하는 한층 발전된 방식의 화포다. 원래 포르투갈에서 개발된 화포로 임진왜란 직전에 중국을 통하여 우리나라에 보급된 것으로 보인다.

발사틀의 구실을 하는 모포母砲와 실탄을 장전하여 모포에 삽입, 발사하는 자포子砲로 분리된다. 실탄을 장전한 자포가 따로 분리되어 있기 때문에 자포를 여러 개 준비하여 연속으로 발사할 수 있었다.

가장 큰 1호부터 가장 작은 5호까지 다섯 종류가 있다. 현재 남아있는 유물은 4호와 5호뿐인데 4호는 길이 97cm, 무게 54kg, 구경 4cm, 자포 무게 7.2kg이고 5호는 길이 81.3cm, 무게 36kg, 구경 2.5cm 자포무게 3.8kg이다. 다른 화포와 마찬가지로 죽절竹節이 새겨져 있는 등 형식이나 특징이 모두 조선식이다. 서양의 중화기가 중국을 거쳐 받아들여졌음에도 불구하고 그 형식이나 특징이 모두 조선 특유의 형식으로 변형되었다는 사실을 확인할 수 있다.

비몽포

독화약이 들어 있는 자포子砲를 발사하는 화포. 자포에 독화약을 넣어 발사하면 자포가 날아가 독가스가 퍼지는 화포다. 포신은 뭉툭하고 짧지만 자루는 비교적 길고 끝이 뾰족하여 땅에 꽂아 발사 각도를 조절할 수 있었다.

사전총통

4개의 화살을 날릴 수 있게 만들어져 사전총통이라는 이름이 붙었다. 조선 전기 때 가장 보편적으로 사용된 총통이다. 발사되는 화살은 길이 25.4cm의 세장전 4개인데 보다 가는 차세장전 6개나 길이가 조금 짧은 차소전 1개를 넣어 쏘기도 했다. 길이는 약 26cm고 무게는 1.3kg, 구경은 2.2cm다.

사전장총통 | 사전총통을 길게 만든 총통. 길이는 약 43cm, 무게는 약 1.68kg이다.
팔전총통 | 세전 8발을 동시에 발사할 수 있는 총통. 약 31cm 길이에 구경은 3.8cm고 세전 8발이나 차세전 12발을 발사하였다.

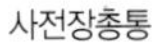

사전장총통

팔전총통

삼안총(삼혈포)

3개의 총신이 연결되어 있는 화포. 3개의 총신으로 연결되었다 하여 삼안총이라는 이름이 붙었다. 길이는 35~52cm 가량으로 다양하며 무게도 2.5~6kg 정도다. 중국 명나라에서 개발한 무기로 우리나라에는 1593년에 제작된 것이 전해지는 것으로 미루어 임진왜란 때 도입된 것으로 추정된다. 나무 자루가 부착되어 이어 적을 향해 들고 쏘는 데에도 사용되었고 신호를 보내는 데에도 활용되었다.

삼총통 (주자총통)

세종 임금 때에 이총통, 사전총통 등과 함께 널리 사용한 총통. 길이는 약 33cm, 무게는 약 1.2kg이다. 이후 주자총통이라는 이름으로 바뀌었다.

세총통

조선 시대 총통 중 가장 작은 총통으로 길이가 약 13.8cm다. 다른 총통처럼 자루를 끼워서 쏘는 것이 아니라 쇠집게(철흠자)로 잡고 발사했다. 1432년(세종 14)에 개발되었으나 사정거리가 겨우 240m(200보) 정도에 불과해 존폐론이 대두되기도 했다. 이후 평안도 지역에서 많이 사용하였는데 말 위에서 휴대할 수 있을 뿐만 아니라 다루기가 쉬워 사용이 장려된 때문이다. 사정거리도 600m(500보) 정도로 개선되었다.

소포

조선 후기에 중포와 함께 만든 화포. 바퀴가 달린 포가 위에 설치하여 자유롭게 조준, 발사할 수 있었다. 1874년 대원군에 의해 만들어졌으며 길이는 108.5cm, 무게는 171kg이고 구경은 8.4cm다.

수포

조선 후기에 제조된 화포. 직접 손으로 들고 쏠 수 있다고 하여 수포라는 이름이 붙은 것으로 보이지만 무게가 6.85kg으로 실제 들고 사용하기에는 조금 무겁다. 길이는 89.2cm고 구경은 2.5cm다. 나무로 자루를 만들었으며 가늠자, 가늠쇠가 숙련된 솜씨로 만들어졌다.

승자총통

조선 중기에 사용한 개인용 총통. 총구에서 화약과 실탄을 장전하고 손으로 불씨를 점화해 발사하는 총통이다. 선조 임금 때 많이 사용하였으나 임진왜란 때 왜군이 사용한 조총에 비해 성능이 떨어졌다. 길이는 50~60cm이고 무게는 4kg 안팎이다.

별승자총통 | 승자총통을 개량한 총통. 길이를 길게 하고 구경을 작게 해 명중률을 높였다. 또한 강선의 원리를 적용하여 몸체를 휘게 만든 것이 특징이다. 길이는 76cm 정도고 무게는 3~3.5kg이다.

소승자총통 | 우리 나라 최초로 현대식 모양을 갖춘 총. 승자총통을 개량해 만들었다. 총구 위에는 가늠쇠가 있고 약통 위에는 가늠자가 있어 조준이 편하고 나무로 만든 개머리판이 부착되어 있어 어깨에 대고 발사할 수 있다.

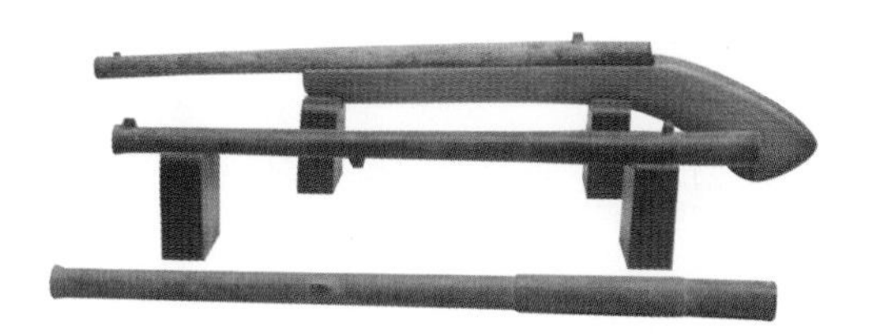

소총통 | 승자총통을 개량해 만든 총통. 길이는 약 75cm로 승자총통보다 길며 무게는 5근이다. 현재 남아 있는 유물 중 총신이 약간 구부러진 것은 발사과정에서 화약의 폭발력을 견디지 못해 변형이 일어난 것이다.

쌍자승자총통(쌍자총통) | 승자총통 두 개를 붙여 놓은 형태의 총통. 총통 하나에 여러 개의 탄환을 장전하는 기술이 적용된 총통으로 두 개의 총신에 각 3개의 화약선 구멍이 있어 한 번의 장전으로 6발을 연속해서 발사할 수 있다. 그러나 궂은 날씨에 사용이 힘들고 사정거리가 길지 않아 임진왜란 때 조총의 도입과 함께 점차 자취를 감추게 되었다.

차승자총통 | 한번에 철환 5개를 발사할 수 있도록 개량된 승자총통. 길이는 약 57cm 이다. 소총통과 마찬가지로 총신이 약간 구부러진 것은 발사과정에서 변형이 일어난 불량품이기 때문이다.

신제총통

조선 중기에 사용한 총통. 길이는 20cm 정도이며 몸체에 3cm 간격으로 죽절竹節이 있다. 20~30정을 동시에 장전하고 휴대하면서 주로 말 위에서 1정씩 발사하도록 되어 있다. 신제총통전이라는 화살을 발사한다.

십연자포

총신 열 개를 한 포판砲板에 설치하여 연속적으로 발사할 수 있게 만든 화포. 길이가 약 29cm인 총신 열 개를 설치하였는데 각 총신을 전후로 움직일 수 있어 발사 각도 조절은 물론이고 연속적인 장전과 발사가 가능했다.

오연자포

무쇠로 제작된 총신 다섯 개를 한 포판에 고정하여 다섯 발을 동시에 장전하고 발사할 수 있도록 만든 화포. 중국 명나라의 다연발 화포 기술을 받아들여 우리나라에서

만든 화포다. 길이는 약 56cm로 약 25cm의 총신 다섯 개를 나란히 놓은 구조다. 총신이 짧고 장전하는 시간이 오래 걸리는 단점이 있지만 연발사격이 가능하여 적에게 큰 위협이 되었다.

완구

불씨를 손으로 점화해 단석, 비격진천뢰 등의 탄환을 발사하는 화포. 포신이 약실에 비해 지나치게 커서 사발과 같은 모양이며 조선 초기에 개발되었다. 대완구, 중완구, 소완구 등으로 구분된다. 임진왜란 때 비격진천뢰 등을 발사하는 화기로 널리 쓰였다. 발사물이 큰 돌덩어리이기 때문에 총통의 앞에 돌덩어리를 장전하는 그릇 형태로 생긴 주발(완)이 달려 있는 것이 특징이다. 1413년(태종 13)을 전후해서 중국의 화포를 개량해 만들었다.

대완구 | 조선 중기에 사용한 완구. 길이는 약 65cm, 구경은 약 26cm로 위쪽에 손잡이가 달려 있다.

중완구 | 조선 중기에 사용한 완구 중 대완구 다음으로 큰 완구. 길이는 약 63cm, 구경은 약 23.5cm다.

총통완구 | 현재까지 우리나라에서 설계도가 남아 있는 가장 오래된 완구. 길이가 약 41cm, 무게가 약 130kg이다.

대완구

중완구

위원포

임진왜란 때 명나라 군이 사용한 것을 도입한 것으로 보이는 화포. 대, 중, 소 위원포로 나뉘며 현재 중위원포와 소위원포 유물이 전해진다. 중위원포는 길이 66.5cm에 무게 38.5kg, 구경 4cm고 소위원포는 길이 61.5cm에 무게 39kg, 구경 4.5cm다.

이총통

1448년(세종 30) 화약무기 개량 때 만들어진 총통 중 장군화통, 일총통 다음으로 크다. 손으로 들고 사용할 수 있는 총통 중에서는 가장 크다. 소전 1개나 세장전 6개 혹은 차세장전 9개를 넣고 동시에 발사하였다. 자루에는 지름 3cm, 길이 70~80cm의 나무자루를 박아 이를 잡고 사용하였다.

유물 중 국립경주박물관의 이총통은 세계에서 유일하게 총구가 삼각형으로 되어 있다. 왜 이렇게 만들었는지 정확한 기록은 찾을 수 없지만 화살 날개의 모양에 총통을 맞추기 위한 것으로 짐작된다.

일총통

1448년(세종 30) 화약무기 개량 때 만든 총통 중 장군화통 다음으로 큰 총통. 전체 길이는 약 73cm, 무게는 약 26.5kg이다. 장군화통과 마찬가지로 부리, 약통, 격목통으로 구성된다.

장군화통

길이가 약 89cm로 1448년(세종 30) 화약무기 개량 때 만든 총통 중 가장 크며 무게는 약 67kg이다. 발사물인 환이나 전을 넣는 부리, 화약의 폭발력을 증가시키기 위해 격목을 장치하는 격목통, 화약을 넣는 약통으로 구조가 나뉜다.

중포

병인양요와 신미양요를 거치면서 근대화된 무기의 개발을 절감한 대원군에 의해 1874년(고종 11) 운현궁에서 제작되었다. 길이는 123cm, 무게는 295kg이고 구경은 12cm로 포가 위에 설치하게 되어 있다. 비교적 근대적 기술이 가미되어 만들어진 화포로 우리나라 화포 발달사의 진일보한 면을 보여주는 무기다.

지자총통

천, 지, 현, 황자총통 중 천자총통 다음으로 큰 화포. 1445년(세종 27) 화약무기 개발정책에 따라 종래의 형체를 개량, 발전했다. 『신기비결』에는 중간 크기의 납탄환 60개, 『화포식언해』에는 조란환鳥卵丸 200개를 발사할 수 있다는 기록이 있다.

현재 보물 제862호와 863호로 지정된 것이 남아 있다. 길이는 89.5cm, 구경은 10.5cm다.

천자총통

조선에서는 포의 크기가 가장 큰 것부터 천자문의 순서에 따라 천天, 지地, 현玄, 황黃의 이름을 붙였다. 따라서 천자총통은 총통 중 가장 크고 사정거리도 긴 것임을 알 수 있다. 『융원필비』의 기록에 의하면 무게는 약 774kg이고 화약 1.2kg 정도를 장전하여 약 2kg의 대장전을 1,440m 정도 날려 보낼 수 있고, 납탄환을 발사하면 4,000m 정도까지도 날아갔다고 한다. 무게가 무거워서 네 바퀴가 달린 동차童車로 운반하였다.

현존하는 유물 중 보물 제647호 천자총통은 1555년(명종 10)에 제작된 것으로 길이 131cm, 구경 12.8cm에 무게는 492근 10냥(약 315kg)이라는 명문이 새겨져 있다.

현자총통

천, 지, 현, 황자총통 중 세 번째로 큰 총통. 차대전, 차중전을 발사했는데 차대전은 약 960m, 차중전은 약 1,800m까지 날아갔다. 탄환을 쏠 때에는 철환 100개를 발사하였다.

현재 보물 제885호로 지정된 것과 보물 제1233호로 지정된 것이 있다. 보물 제885호로 지정된 것은 길이 83.8cm, 포구지름 6cm, 무게 38kg이고 보물 제1233호로 지정된 것은 길이 75.8cm, 구경 6.5cm다.

호준포

임진왜란 당시 명나라 군이 사용하여 큰 효과를 거둔 화기. 이후 우리나라에서 널리 사용하였다. 마치 호랑이가 쪼그려 앉아 있는 모습과 같다 하여 호준포라는 이름이 붙었다. 철제 다리 2개를 부착하여 고정할 수 있도록 만든 것이 특징이다. 또한 좁은 공간에서도 운용이 편리하여 전함 등에 탑재되어 사용되기도 했다. 이순신도 노량해전에서 사용한 기록이 있다.

황자총통

천, 지, 현, 황자총통 중 가장 작은 총통. 『신기비결』에는 작은 납탄환 20개를 발사한다고 하고, 『화포식언해』에서는 피령차중전 1개나 철환 40개를 넣어 발사한다고 하였다.

현재 보물 제886호로 지정된 것이 있다. 1812년(순조 12)에 만들어진 것으로 길이는 88.5cm, 구경은 4.4cm다.

폭탄

발화통

종이로 만든 원통에 화약을 넣은 폭탄. 사용하기 직전에 구멍을 뚫어 약선을 끼우고 불을 붙여 던지는 폭탄이다. 현대의 수류탄과 비슷한 무기다. 대신기전 앞부분에 장착된 폭탄도 발화통의 한 종류이다.

지화

땅에 묻어놓고 위쪽으로 불을 뿜도록 하는 화약 무기. 신기전에 사용되는 약통을 분사구멍이 위로 향하게 해서 땅에 묻어놓은 것과 같다. 약 13cm 길이의 종이통에 직경이 0.4cm 정도인 분사 구멍을 뚫어 놓은 형태다.

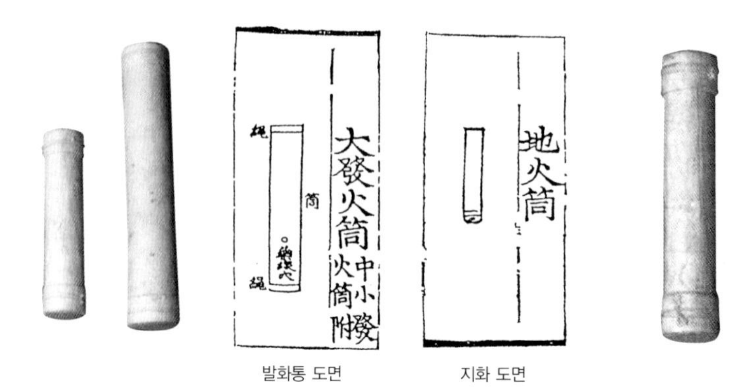

발화통 도면 지화 도면

질려포통(산화포통)

둥근 나무통 속에 화약과 함께 끝을 뾰족하게 만든 철조각인 능철菱鐵을 넣어 만든 폭탄. 능철이 들어 있어 살상효과를 극대화했으며 주로 수군이 바다에서 사용했다. 육지에서는 산화포통이라 하여 능철을 넣지 않은 것을 주로 사용했다.

대, 중, ·소의 세 가지 크기가 있는데 대질려포통은 약 29cm, 중질려포통은 약 22cm 소질려포통은 약 18cm의 높이다.

비격진천뢰

조선 선조 때 이장손이 발명한 시한폭탄. 폭탄 내부에 도화선을 감아 넣을 수 있는 장치가 되어 있어 도화선의 길이에 따라 폭발하는 시간을 조정할 수 있도록 만든 것이 특징이다. 무게는 12kg 가량으로 예리한 철조각과 화약을 채운 뒤 구멍을 막고 대완구나 중완구를 사용해 발사한다. 약 420m(300보)를 날아가 땅에 떨어진 뒤 도화선이 타들어가 폭발하게 되고 함께 넣은 철조각이 사방으로 튀어 사람이나 말을 다치게 한다. 임진왜란 당시 경주 전투에서 사용되어 혁혁한 전과를 올렸고, 해전에서도 수많은 적의 함선을 부수었다.

조총

방아쇠를 당기면 반자동으로 불씨가 점화되어 총알이 발사되는 개인 휴대용 화기. 기존 화기의 손으로 직접 불씨를 붙여 주어야 하는 방법을 개선하였다. 하늘을 나는 새로 떨어뜨릴 수 있다는 뜻으로 붙여진 이름이고 15세기 말 유럽에서 처음 만들어져 1543년 일본에 전래되었다. 우리나라에는 1590년(선조 23) 3월 대마도주 소우 요시토시가 선조에게 조총을 진상하고 간 일이 있으나 개발되지 못하고 사장되었다. 이후 임진왜란 때 일본군 조총의 위력을 알고 1593년부터 조총을 제조하여 사용하였다. 이후 조선 후기에 총 뒤쪽에서 장전하는 방식의 소총이 도입될 때까지 대표적인 개인용 화기로서 널리 사용되었다. 현존하는 조총은 대부분 조선 후기에 사용된 유물이다.

| 화차 |

화차는 수레 위에 총통이나 신기전 등의 화기를 장착한 무기다. 손쉽게 원하는 장소로 이동하여 여러 발의 총통이나 신기전을 쏠 수 있도록 만들었다.

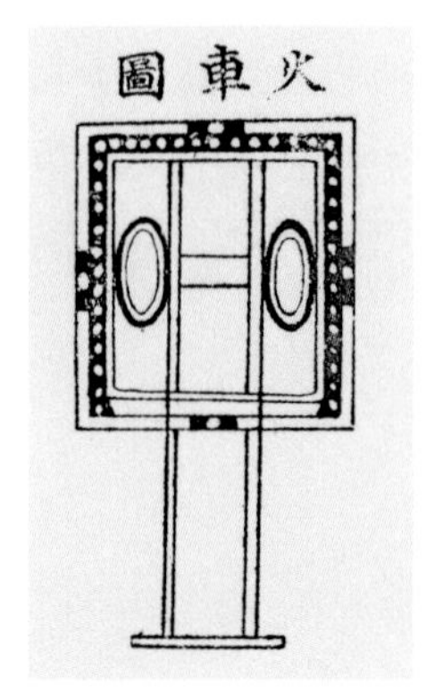

변이중화차도

변이중화차

임진왜란 중에 변이중이 종래의 화차를 개량하여 만든 화차. 구조는 이전의 화차와 같지만 네 방향에 방호벽을 달았고 그중 세 방면에 40개의

우편엽서

우편요금
수취인 후납부담

발송 유효 기간
2005. 1. 1. ~ 2007. 12. 31.

서울 마포우체국
승인 제608호

보내는 사람

□□□-□□□

(주)현암사 편집부 앞

서울특별시 마포구 아현 3동 627-5
전화 : (02) 365-5051
팩스 : (02) 313-2729

121-862

이 엽서를 보내 주시면 '현암독서회원' 이 되십니다. 회원에게는 새 책이 나오면 안내해 드리고 서점에서 판매하지 않는 재고도서와 한정판 발행도서를 특별가격으로 드립니다. 아울러 현암사에서 주최하는 모든 행사에 우선적으로 참여하실 수 있는 특전도 드립니다.

귀하가 구입하신 현암사 도서명

현암사 도서를 구독하신 동기

- ☐ 매스컴(신문 · 잡지 · 라디오 등)광고를 보고
- ☐ 누군가의 권유로
- ☐ 인터넷정보사이트를 보고
- ☐ 현암사 홈페이지
- ☐ 신간안내서나 서평을 보거나 듣고
- ☐ 서점에서 직접
- ☐ 인터넷서점
- ☐ 기타(　　　　　　　　)

현암사 도서를 구입하신 경로

- ☐ 서점에서(구입 서점:　　　　　　　　)
- ☐ 전화주문으로
- ☐ 인터넷서점
- ☐ 현암사 홈페이지
- ☐ 기타 인터넷정보사이트

책을 읽은 소감

현암사는 어떤 출판사라고 생각하십니까?

현암사가 앞으로 내주었으면 하는 책(어떤 종류 · 어떤 책)

현암사가 해주었으면 하는 행사

현암사 인터넷회원이십니까? ☐ 예　☐ 아니오

※인터넷회원으로 가입하시면 도서구입 시 마일리지 적립, 신간안내, 이벤트 시 우선 혜택 등 다양한 특전을 누리실 수 있습니다.

직업	생년월일	학력
관심분야	구독신문	구독잡지
전화번호	전자우편(e-mail)주소	

항상 양서출판을 기획하는 저희 현암사에서는 여러분의 귀한 말씀이 큰 보탬이 될 것으로 믿고 있습니다. 감사합니다.

승자총통이 장착된 총통기를 달았다. 따라서 세 방향을 동시에 공격할 수 있었으며 방호벽이 있어 총통수를 보호할 수 있었다. 1592년에 만들어졌고 이듬해 벌어진 행주산성 전투에 40대가 사용되었다.

신기전기화차

신기전기를 설치한 화차. 1451년(문종 1)에 처음 만들어졌다. 신기전기와 총통기 중 하나를 화차의 수레 위에 올려놓고 사용하였다. 발사 때에는 신기전기가 실려 있는 화차 수레의 발사 각도를 조절하여 원하는 방향으로 용이하게 발사할 수 있었다. 임진왜란을 비롯한 여러 전투에서 큰 효과를 발휘했다.

총통기화차

문종 때 만들어진 화차에 사전총통 50정이 장착된 총통기를 단 화차. 한 정의 사전총통에서 세전 4개 또는 차세전 6개를 발사할 수 있기 때문에 50정의 사전총통을 동시에 발사할 경우 세전 200개 또는 차세전 300개가 동시에 발사되는 위력적인 무기다.

방어구

| 갑옷 |

두석린갑

두석(놋쇠) 미늘을 연결하여 만든 갑옷. 조선 시대에 가장 흔히 사용되었던 갑옷으로 현재 2점의 유물이 전한다. 겉감은 붉은 모직, 속에는 무명을 대고 안감은 명주를 사용했다. 황, 적, 흑색의 두석린은 소매 윗부분과 복부까지만 붙이고 나머지 부분에는 두정을 박았다.

두석린갑을 착용한 모습

두정갑

두석 못을 박아 만든 갑옷. 겉에서 안으로 두정을 박아 넣고 안쪽에 사각의 철제나 가죽제 미늘을 두정과 연결하여 붙였다. 현재 전하는 갑옷 중 가장 많은 비중을 차지할 정도로 여러 벌이 전한다.

두정갑을 착용한 모습

면갑

면직물을 13겹 이상 겹쳐 만든 갑옷. 조총이 면 12겹을 관통한다고 하여 13겹으로 갑옷을 만들었다고 전해진다. 무게가 가볍고 활동이 편하도록 양 옆이 트여 있어 민첩한 움직임이 가능했다.

방호갑

무명으로 만든 옷 안쪽에 두꺼운 철판을 대어 만든 갑옷. 조끼와 비슷한 형태에 넓은 두정을 박아 안쪽의 철판을 고정했다.

지갑

종이로 만든 갑옷. 중국 당나라 때부터 명나라 말기까지 계속 사용하였다. 무게가 가벼워 보병이나 수병이 사용하였다. 우리나라에는 『세종실록』에 지갑을 사용한 기록이 전한다. 종이를 접어서 미늘을 만들고 사슴 가죽으로 엮어 검은 칠을 해서 만든다고 하였다.

수은갑

쇠로 만든 미늘 표면에 수은을 칠한 뒤 붉은 끈으로 엮어 만든 갑옷. 조선 전기에 최고급 갑옷으로 여겨졌다.

| 한중일 전투복 비교 |

우리나라 | 현재 발견되는 갑옷 유물 중 가장 오래 된 것은 4세기 무렵 가야, 신라 지역에서 사용하던 철제 종장판주와 종장판갑옷, 비늘갑옷 등이다. 이 중 종장판갑옷은 중국을 비롯한 다른 지역에서는 발견되지 않는 우리나라 영남지역 특유의 갑옷이다.

5세기 중엽 비늘갑옷은 판으로 된 갑옷보다 몸을 움직이기 편해 기마병들이 주로 착용하였다. 보병전투보다 기병전투가 많아진 당시 상황을 반영한 것이다.

고려와 조선 시대에는 두루마기 모양의 포형 갑옷이 많이 쓰였다. 상하의가 하나로 이어져 있고 가운데가 열리는 구조다. 두석린갑, 두정갑, 피갑, 면갑, 흉갑 등이 모두 포형 갑옷이다. 중국, 몽골, 일본 등에서도 이러한 형태의 갑옷을 사용하였다.

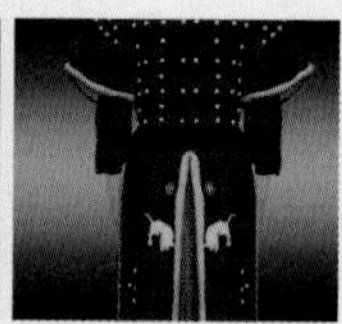

중국 | 고대 중국에서는 넓은 통가죽이나 등나무 줄기를 이용한 갑옷을 사용하기도 하였으나 전국시대 이후 가죽 조각을 이어 붙인 피갑주가 등장하였다. 그리고 가죽이나 금속 미늘을 이어 붙인 비늘갑옷형 갑주를 널리 사용하였다.

서한 때에는 철제 미늘을 이용한 철갑주가 출현하였으며 미늘 일부를 물고기 비늘처럼 겹겹이 붙여 방어력을 높인 어린갑도 등장하였다. 남북조 시대 때부터는 전투병뿐만 아니라 말에도 갑옷을 입히기 시작했다.

송나라로 접어들면서 종전보다 많은 미늘을 부착해 전신을 보호할 수 있는 갑옷도 개발되었다. 명나라 때에는 두꺼운 면이나 비단 안에 쇠미늘이나 가죽 미늘을 넣고 못으로 고정한 면갑과 두정갑을 많이 사용하였다.

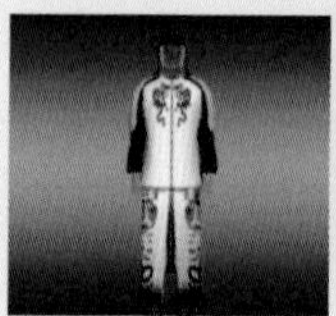
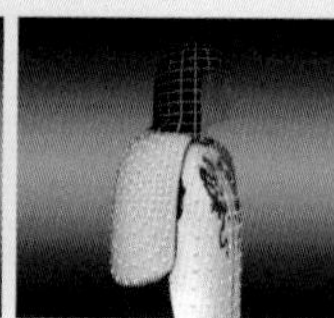
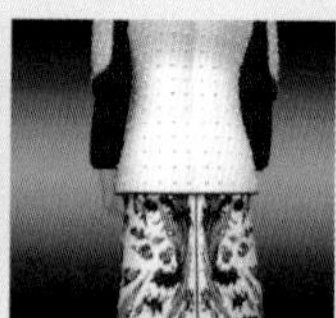
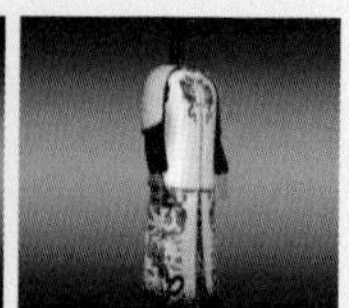

일본 | 고대 일본에서는 주로 철판이나 가죽판으로 만든 판갑을 사용했다. 3~4세기 이후에 철판이나 가죽 조각을 이어 만든 괘갑이 등장하는데 이는 중국에서 우리나라를 거쳐 일본으로 전해진 양식이다.

무사계급이 등장하면서부터는 실용성과 장식성을 아울러 추구하는 경향으로 발전했다. 이때 등장한 오요로이(大鎧)는 표면에 옻칠을 해 더욱 단단하게 만든 미늘을 사용한 갑옷이다. 보병은 도마루라는 갑옷을 입었다. 도마루는 상반신부터 허벅지 부분까지가 하나로 연결되어 있으며 옆에서 묶도록 되어 있다. 16세기에 들어서면서 도세이구소구라는 갑옷이 등장하였다. 오요로이나 도마루의 형식을 이어받았지만 대형 철판을 이어 붙이거나 여러 층의 철판을 이어 만들었다.

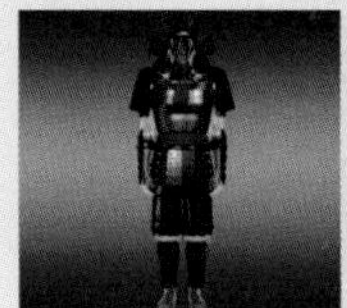

| 방패 |

등패

등패를 옆에서 본 모습

등나무로 만든 방패. 질긴 등나무를 촘촘히 엮어 만들어 가벼우면서도 방어 능력이 뛰어났다. 중앙에는 사악한 것을 물리치고 진중을 방어한다는 상징으로 도깨비 형상의 문양을 넣었다.

등패를 사용하는 모습

군함

거도선

조선 시대에 사용한 소형 보조선. 대형 군함에 싣고 다니며 구명정이나 연락정 구실을 하는 현거도선과 단독으로 행동하는 보다 큰 비거도선이 있었다.

거북선

임진왜란 때 이순신이 만든 거북 모양의 돌격용 군함. 현존하는 유물이 없고 설계도도 전해지지 않아서 자세한 사항을 알 수 없으나 당시 이순신이 임금에게 올린 장계와 1795년(정조 19)에 편찬된 『이충무공전서』 등을 통해 형태와 규격을 대략 짐작할 수 있다. 내부는 2층 혹은 3층 구조로 되어 있으며 배 밑에서 뱃전까지의 높이는 약 2.2m이고 길이는 배 밑부분 기준으로 약 20m다. 너비는 머리쪽이 약 3.6m, 꼬리쪽이 약 3.2m인데 뱃머리에는 길이 1.3m가량의 용머리를 달았다.

튼튼한 소나무 판자와 나무못을 사용해 녹슬지 않고 충격에 강한 구조이며 윗부분에는 철로 된 송곳을 꽂았기 때문에 적군이 배에 오르지 못했다. 또한 배 밑바닥이 안정적인 U자형으로, V자형인 왜선보다 방향 전환이 빨랐다.

거북선에는 약 130명이 탑승하였는데 이 중 노를 젓는 사람은 80명으로 노 하나에 1명의 조장과 4명의 노군이 배속되었다. 전투하는 병사들은 45명 정도였는데 화약과 포탄을 장전하는 화포장과 포를 발사하는 포수, 활을 쏘는 사수로 구성되었다. 또 적 군함의 위치에 따라 사방에 설치된 포구멍에서 사정거리 500m가 넘는 천자포 등 장거리 포를 쏘고 불화살을 날릴 수 있었기에 왜군이 가장 두려워하는 대상이었다.

거북선 등덮개

거북선 선실

거북선은 접근전에서 큰 효과를 거둘 수 있지만 많은 인원이 탑승하므로 전투효율이 떨어지고 적을 추격할 때에는 판옥선보다 불리하였다. 그런 이유로 많이 만들어지지는 않아서 임진왜란 때에는 5척이 사용되었다. 그 뒤 영조 때에는 14척, 정조 때에는 40척이 만들어졌지만 점차 크기가 커지면서 효용이 떨어져 사라지게 되었다.

방패선

갑판 양쪽 부분에 방패판을 세워 군사를 보호한 중형 군함. 을묘왜변 때 판옥선과 함께 개발된 것으로 보이지만 임진왜란 때에 방패선이 실전에 나선 기록은 없다. 인조 때 이후로 보다 작은 군함을 필요로 하는 서해안 쪽에서 사용되었다.

사후선

조선 후기에 사용한 소형 보조선. 군함 등에 부속해 사용하는 비무장 배다.

창선

적이 배에 뛰어들지 못하도록 짧은 창검을 꽂은 배. 임진왜란 때 이순신을 도와 거북선 제작에 참여했던 나대용이 1599년(선조 32) 순찰사 한효순의 군관으로 있을 때 만들었다. 판옥선과 거북선 등 2층 구조의 전투함에서 많은 인원이 좁은 장소에서 활동하여야 하는 불편함을 개선하여 보다 적은 인원을 가지고 운용할 수 있도록 건조한 중형 군함이다. 갑판 윗부분을 걷어내는 대신 방패를 둘러 방어했으며 적이 배에 뛰어들지 못하도록 짧은 창검을 꽂았다.

판옥선

갑판에 2층 누각을 세워 지휘소 역할을 하게 만든 대형 전투함. 군사적인 역할과 조운漕運의 역할을 겸했기에 선체가 크고 기동력이 떨어지던 기존 군선을 대체하는 배로 조선 명종 때 개발되어 임진왜란에서 많은 활약을 했다. 배를 높게 만들어 내부를 2층 구조로 하였는데 노를 젓는 군사들은 적에게 노출되지 않은 곳에서 노를 저을 수 있고 전투에 참가하는 군사들은 적의 배보다 높은 곳에서 공격할 수 있었다. 임진왜란 때 이미 125명 이상의 군사를 수용할 수 있는 크기로 다른 배에 비해 월등히 컸다. 조선 후기까지 주력 군함으로 사용되었다.

해골선

몸체가 큰 판옥선이 풍랑에 약한 점을 보완하여 만든 배. 1740년(영조 16) 전라좌수사 전운상이 만들었다. 앞부분이 크고 뒷부분이 작으며 좌우에 날개 같은 부판浮板을 붙였기 때문에 바람을 타지 않고 행동이 빨랐다.

협선

조선 중기와 후기에 대형 전투함의 부속선으로 활용한 소형 배. 판옥선의 부속선으로 많이 사용하였다. 3명이 탈 수 있는 작은 규모다.

성의 시설

성에는 적을 막는 데에 필요한 여러 시설이 있었다.

각루 성의 굴곡부 등에 지은 다락집.

노대 활을 쏘기 위하여 성 가운데에 높게 지은 대.

돈대 적에게 화포를 쏘기 위해 성 안에 높직하게 쌓은 포대.

망루 적의 움직임을 살피는 높다란 누각.

문루 성문 위에 적을 감시하고 지휘소로 쓸 목적으로 만든 누각. 문루를 갖춘 성문을 '문루식 성문'이라 한다. 서울 동대문과 남대문이 대표적인 문루식 성문이다. 문루 없이 만든 성문을 평거식 성문이라 한다.

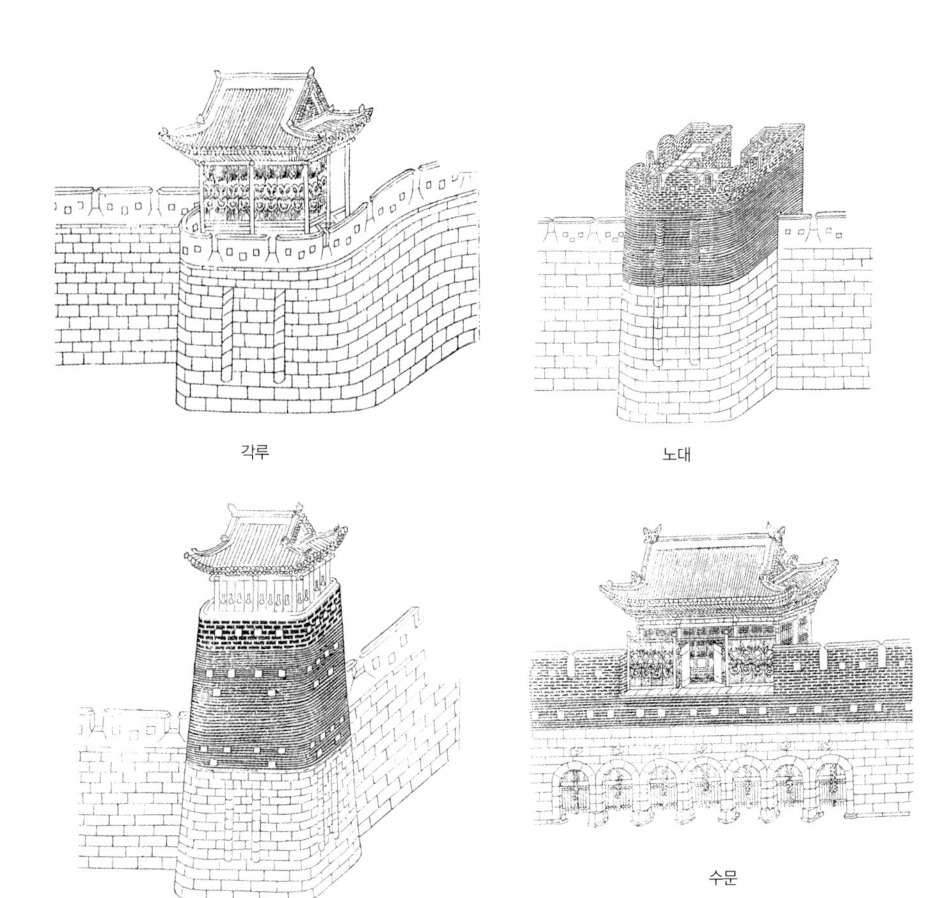

각루

노대

돈대

수문

성문 성곽 안으로 출입할 수 있도록 만든 대문.
수문 성안에서 성밖으로 물을 흘려보내는 도랑에 낸 문.
아성 총지휘관인 장군이나 왕이 기거하는 내성內城.
암문 적에게 보이지 않게 성벽에 숨겨 둔 작은 문. 비밀리에 성을 빠져나가 적을 공격하는 등의 용도로 이용되었다.
옹성 성문을 지키기 위해 성문의 앞을 가려서 만든 작은 성.
치성 바깥쪽으로 튀어나오도록 쌓은 성벽. 적을 빨리 관측하고 성벽에 접근한 적을 효과적으로 공격하기 위한 시설.
포루 효율적인 공격을 위해 성벽에서 앞으로 돌출되도록 지은 건물.
해자 적의 접근을 막기 위해 성 둘레에 판 못.
현안 성 밑을 살피거나 적을 사격할 수 있도록 성벽에 뚫어 놓은 구멍.

암문

옹성

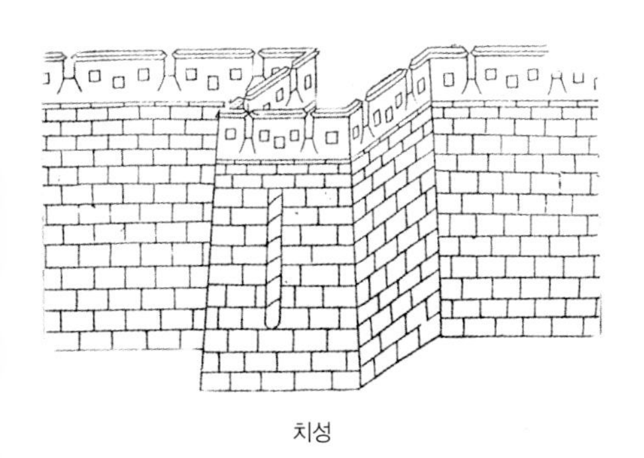

치성

포루

수군의 훈련과 임무

수군은 수영에서 다양한 군사훈련을 받았으며 고기를 잡고 밭을 경작하는 등 군량을 확보하기 위해 여러 활동을 했다.

군점

군점은 각 수군 진영에서 군사를 사열하는 의식이다. 각종 군함과 무기, 군사와 시설 등을 점검해 언제라도 전투를 치를 수 있도록 대비하기 위해 실시하였다.

수조

수조는 실제 전투 상황을 가정하고 군함으로 진을 갖추며 하는 대규모 훈련이다. 임무를 점검하고 전투력 향상과 외침에 대비하기 위해 1년에 봄, 가을 두 차례에 걸쳐 실시하는 등 일정한 규정에 따라 정기적으로 실시했다.

군함 건조 및 무기 제조

군함을 수리하거나 새로 건조하는 등 수군에게 가장 중요한 군함을 손보는 일도 큰 비중을 차지했다. 또한 왜군 등으로부터 노획한 무기를 분석하여 새로운 무기를 만들기도 했다.

각종 훈련

진 치는 법을 비롯해 각종 전투 방법과 배 위에서 적을 방어하는 법 등을 반복 훈련하며 익혔다.

해상관측

수군은 항상 해상을 관측해 일지를 기록하였다. 해상의 정황과 특별한 사항, 외국 배의 출현 등을 살펴 보고하는 것은 매우 중요한 임무였다.

군량 확보

조선 수군은 스스로 군량을 확보하기도 했다. 수영에 딸린 토지를 경작하거나 물고기를 잡아 식량을 해결하기도 했고 소금을 생산해 민간의 곡식과 바꾸기도 했다.

과거 시험

조선 시대의 관리 등용 과거는 문과文科와 무과武科로 나뉜다. 나랏일을 볼 문인을 뽑는 문과와 달리 무과는 '무사를 뽑는 과거'라는 뜻으로 나라를 지킬 군인을 뽑는 과거였다. 무과는 1402년(태종 2)에 처음으로 시행되었는데 최종 시험은 임금이 지켜보는 자리에서 치렀다. 시험 과목은 시기에 따라 조금씩 변동이 있었다. 조선 초기에는 강서, 목전 등 여섯 과목을 치렀고 후기에는 유엽전, 조총, 편추 등이 신설되었다.

강서

강서는 무과 시험 과목 중 유일하게 실기 시험이 아닌 과목이었다. 사서오경이나 무경칠서 등 지정된 책 중에서 일부분을 읽고 해석한 뒤 시관의 질문에 대답하는 방식으로 행해졌다. 초기에는 응시자와 시관이 얼굴을 마주보고 시험을 치루었으나 이후에는 부정 행위를 방지하기 위해 응시자와 시관 사이에 장막을 치고 시험을 치렀다.

목전

끝을 뭉툭하게 만든 나무 화살을 쏘는 시험. 240보(步) 떨어진 곳에 목표를 설치해 두고 화살을 쏘아 목표에 도달하면 7점을 주되 240보를 지나면 초과하는 5보마다 1점을 더해 주는 방식으로 진행되었다. 명중 여부를 평가하는 시험이 아니라 얼마나 멀리 쏠 수 있는지를 평가하기 위한 시험이었다.

철전

철로 만든 화살을 쏘는 시험. 80보 떨어진 곳에 목표를 설치해 두고 화살을 쏘았다. 목전과 마찬가지로 멀리 쏘는 능력을 평가하기 위한 시험이었다.

편전

길이가 짧은 화살을 쏘는 시험. 130보 떨어진 곳에 목표를 설치해 두고 주로 정확히 쏘는 능력을 평가했다.

유엽전

조선 중기 이후에 신설된 과목으로 화살촉이 짧고 뾰족하지 않은 화살을 쏘는 시험이다. 120보 떨어진 목표를 향해 활을 쏘았다.

관혁

'후전'이라 불리던 화살을 쏘아 150보 떨어진 곳에 있는 표적을 맞추는 시험. 표적 중심부를 맞혀야 명중으로 간주했다.

격구

말을 타고 달리며 막대기를 이용해 나무공을 쳐 200보 떨어진 작은 문에 넣는 시험. 본래 나무공을 상대방 문에 쳐 넣는 놀이로, 고려 시대에는 국가적인 오락 행사로 행해졌다. 그러나 조선 후기에 무과 시험 과목에서 폐지되었다.

격구

기사(기추)

말을 타고 달리며 활을 쏘는 시험. 말을 탄 채로 활을 쏘는 것은 이미 삼국 시대부터 중요시되었다. 짚으로 만든 인형 5개를 35보 간격으로 세워 두고 말들 타고 달리며 화살 5발을 쏘아 목표물을 맞출 경우 1발당 5점씩 주었다. 특이한 점은 앞을 향하여 목표물을 쏘되 화살을 쏜 뒤에는 몸을 뒤로 젖히고 손을 들어 활을 뒤집어야 했다. 만약 활을 쏜 후 옆으로 가거나 일정한 시간 내에 원래의 자리로 돌아오지 못하면 목표물을 맞췄더라도 무효로 간주했다.

기창

말을 타고 달리며 창을 이용해 목표물을 찌르는 시험. 25보 간격으로 짚으로 만든 3개의 표적을 세워 두고 한번 표적을 찌를 때마다 5점씩을 부여했다.

기창

편추

말을 타고 달리며 편곤을 이용해 양 옆에 세워둔 짚 인형을 후려치던 시험. 조선 후기에 새로운 시험 과목으로 도입되었다.

조총

조총이 도입된 이후 추가된 시험 과목. 조총을 쏘아 목표를 맞추면 점수를 부과했다.

조총 쏘는 모습

신호 전달 체계

깃발

진영을 갖추고 있는 상태에서 장수들을 불러 모으거나 명령을 전달할 때 깃발을 이용해 신호를 보냈다. 부대 위치를 표시하거나 진용을 변화하는 신호로 많이 사용했다. 각 장수를 상징하는 깃발과 명령에 따른 깃발이 있어 상황에 맞게 필요한 것을 사용했다.

대장기

신호연

연을 이용한 신호는 주로 전투 중에 사용하였다. 연에 그려진 문양과 색깔에 따라 각종 명령과 상황을 전달하는 용도였다. 주로 방패연을 이용했는데 아군이 쉽게 알아볼 수 있도록 가로 길이가 90~120cm 정도 되는 대형 연을 사용하였다.

긴고리눈쟁이연

취타

소리를 이용해 신호를 전달하는 방식으로 비교적 소리가 큰 악기인 태평소, 나발, 나각, 북, 징, 바라 등을 이용했다. 어떤 악기를 몇 번 울리면 어떤 명령인지 미리 약속해 놓고 신호를 보냈다.

바라

나발

태평소

나각

징

봉수

봉수는 밤에는 횃불, 낮에는 연기를 피워 그 수에 따라 신호를 전달하는 방식이다. 중국에서 전래된 것으로 알려지는데 우리나라는 고려 때부터 사용한 기록이 있다. 조선 시대에는 주요 고을마다 봉수대를 설치해 각 지방의 중요한 사안을 신속히 서울로 전달했다. 각 지방에서 피워 올린 봉수는 5개 직봉노선을 통해 서울 목멱산(남산)으로 전달되었다.

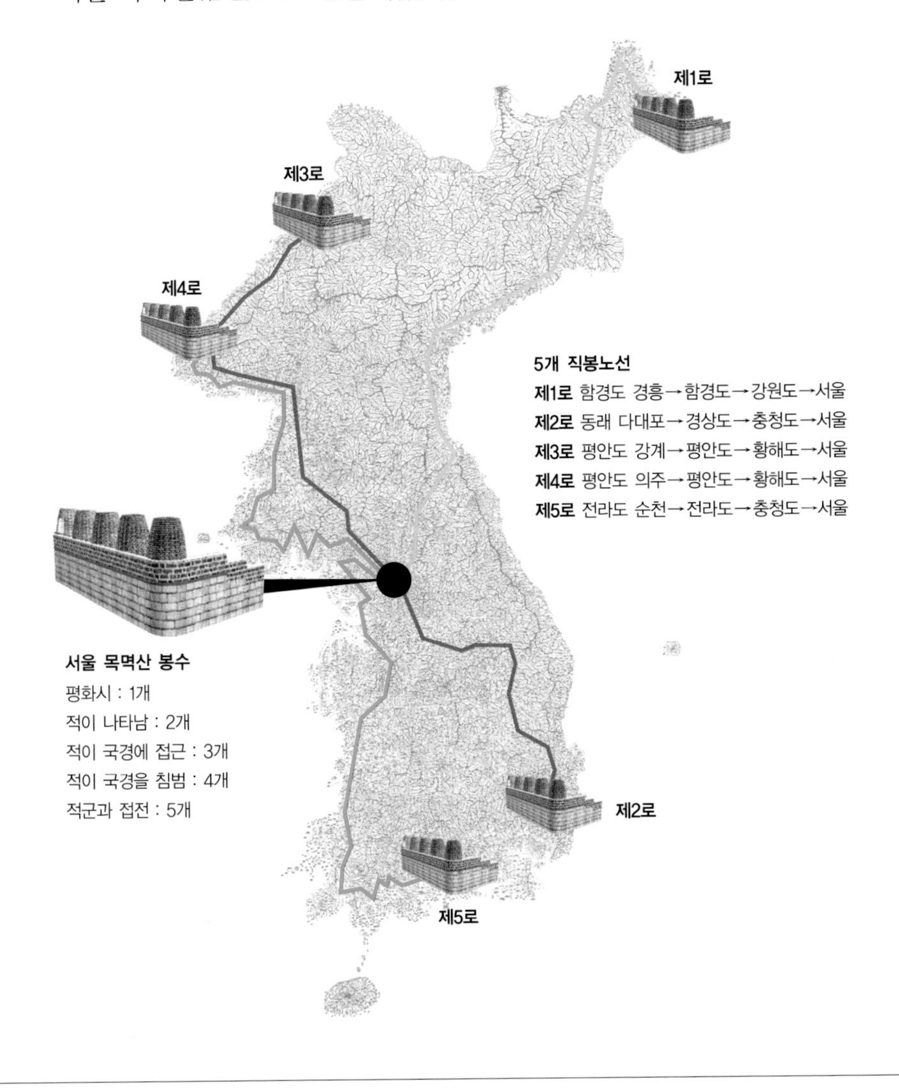

군사 조직

조선 군사의 최고 책임자는 임금이었고 국방을 담당하는 기관은 6조의 하나인 병조였다. 병조의 우두머리의 병조판서가 국왕의 명령을 받아 군사를 관리하였다. 병조판서는 현대의 국방부 장관과 같은 직책이었다.

병조(兵曹)

병조는 군인을 선발하고 관리하며 각종 의식을 행하고 통신과 교통을 관리하는 등 국방과 관련된 모든 것을 도맡았다.

병조의 우두머리인 병조판서 아래에 참판과 참의가 각 1명씩 있었다. 병조에 딸린 기관으로 군인을 관리하는 무선사武選司, 의장대와 교통수단 등을 관리하는 승여사乘輿司, 군사의 훈련과 무기 등을 관리하는 무비사武備司 등이 있었다.

훈련도감(訓練都監)

군인을 훈련시키는 기관. 서울의 방위도 함께 맡고 있었다. 무기를 전문으로 다루는 포수砲手, 사격을 하는 사수射手, 특수부대인 살수殺手등의 군인을 양성했다.

포도청(捕盜廳)

나라 안의 치안을 맡은 기관으로 도적을 잡는 관청이라는 뜻의 이름이다. 그러나 도적 외에도 범죄자를 모두 잡아들이는 곳이었다. 밤마다 순찰을 하며 치안을 살피는 일도 포도청 군사인 포졸들이 맡아 했다. 포졸들은 육모방망이와 붉은 오랏줄을 차고 다녔다.

오위도총부(五衛都摠府)

조선 시대에는 군대 조직을 지방에 따라 다섯 갈래로 나누고 이를 5위라 하였다. 서울 중부와 경기·강원·충청·황해도는 의흥위義興衛, 서울 동부와 경상도는 용양위龍驤衛, 서울 서부와 평안도를 호분위虎賁衛, 서울 남부와 전라도를 충좌위忠佐衛, 서울 북부와 함경도를 충무위忠武衛라 이름 짓고 각 위마다 해당 지역 출신의 군사를 동원해 방비를 맡게 하였다. 이들

5위의 군사를 모두 통솔하는 기관이 오위도총부였다. 도총관 5명이 5위를 나누어 맡았다.

비변사(備邊司)
주로 국경 지대를 지키기 위해 마련된 관청으로 '변방의 군비를 맡은 관청' 이라는 뜻의 이름이다. 조선 초기 북부 지방에 여진족이 국경을 자주 침범하였기 때문에 특별히 비변사를 두어 국경 지대 방위를 맡겼다. 그러나 임진왜란 이후 비변사의 권한이 확대되어 외교와 국방 전체를 맡아보는 기관으로 바뀌었다.

군자감(軍資監)
군에서 쓰는 군수품과 군량미를 관리하는 일을 맡은 관청이다. 1392년(태조 1)에 처음 설치하였다. 1744년(영조 20)부터는 관리들에게 봉급으로 나누어줄 쌀까지 군자감에서 관리하게 되었다. 보통 30만 섬이나 되는 곡식을 저장해 놓고 있었다.

군기시(軍器寺)
무기, 군복, 깃발 등 군인들이 쓰는 물건을 만드는 일을 담당하는 관청이다. 고려 시대부터 있었던 관청으로 활, 창, 칼, 화포, 조총 등은 물론 갑옷, 투구 등 군수물자 모두를 생산하는 큰 공장이 딸려 있었다.

역(驛)
공문서의 전달, 관리의 왕래, 숙박, 역마의 이용, 역마의 관리 등을 맡은 관청이다. 전국에 538개의 역이 있었는데 역에 딸린 군사를 역졸이라 하였다. 역에 딸린 논밭이 있어서 그 소득으로 역의 경비를 충당하였다.

병서

우리 조상들은 많은 싸움에서 외적을 물리쳤다. 이처럼 많은 전쟁에서 쌓은 경험을 글로 적어 국방에 도움을 주기 위해 만든 책을 병법서 혹은 병서라고 한다. 시대에 따라 수많은 병서가 출간되었다. 병서에는 무예의 동작을 하나하나 그림으로 설명한 것이 많다.

『제승방략(制勝方略)』

1433년(세종 15) 함길도 관찰사로 있던 김종서가 여진의 침입을 막기 위하여 쓴 병서로서 본래 두 권인 책을 한 책에 모았다. 15세기 여진족에 대한 매우 구체적인 역사 자료가 되기도 한다. 1588년 함경도 병마절도사가 된 이일이 김종서의 책을 당시의 형편에 맞게 고쳐 썼다.

『역대병요(歷代兵要)』

조선 세종 때에 이석형 등이 엮은 전쟁 이야기책. 이석형이 전라도 관찰사로 있으면서 동료들과 같이 편찬하였다. 고대부터 이성계의 여진 정벌까지의 흥미 있는 이야기를 골라 적었다.

『동국병감(東國兵鑑)』

문종은 몸이 약하여 왕위에 2년밖에 있지 못했으나 국방에 관심이 많은 임금이었다. 신무기 개발에 힘쓰는 한편 신하들에게 『동국병감』과 『진법구편』 등 두 권의 병서를 쓰게 하였다. 『동국병감』은 우리의 국방 정책을 논한 책이다. 한 무제의 고조선 침략에서부터 고려 말까지 30여 회의 전쟁 기록을 시대순으로 적었다.

『신기비결(神器秘訣)』

1603년(선조 36)에 함경도 순찰사 한효순이 엮은 병서다. 우리나라의 전통적인 화기는 물론 임진왜란 때 왜군과 싸우면서 새로 발명하거나 들여온 조총, 불랑기 등 18종의 화기에 대한 사격법과 제작법 등을 정리했다.

『행군수지(行軍須知)』

조선 숙종 때 우의정을 지낸 김석주가 병조 판서로 있을 당시 군인으로서 알아야 할 원칙적인 내용을 뽑아 엮은 병서다. 조선 시대 군인들이 가장 많이 읽는 필독서였다.

『병학통(兵學通)』

조선 정조 임금은 병서에 관심이 많았다. 신하들에게 명하여 여러 권의 병서를 발행하게 하였는데 『병학통』은 당시 금위대장으로 있던 장지항에게 명해 엮은 병서다. 그간 간행되었던 몇 가지 병서를 종합한 책이다.

『병학지남(兵學指南)』

1787년(정조 11)에 정조 임금의 지시로 엮은 병서다. 명나라 장수 척계광의 병서를 간추려 엮은 책이다.

『무예도보통지(武藝圖譜通志)』

정조 임금이 규장각 검사관이며 실학자인 이덕무, 박제가에게 명하여 엮은 종합 무예 교과서다. 1789년(정조 13)에 발간되었다. 궁술, 검술, 곤봉, 마상무예 등 스물네 가지 무예를 종합하고 그림을 그려 상세한 해설을 달았다. 『언해 무예도보통지』라는 한글판도 간행되었다.

『악기도설(握奇圖設)』

정조 때의 무신이며 경상좌도 수군절도사를 지낸 양완이 엮은 병서로, 당시까지 전해오던 진법과 전차의 활용에 대해서 기록한 책이다. 전차를 잘 활용하면 전쟁을 이길 수 있다는 생각을 담은 책이다.

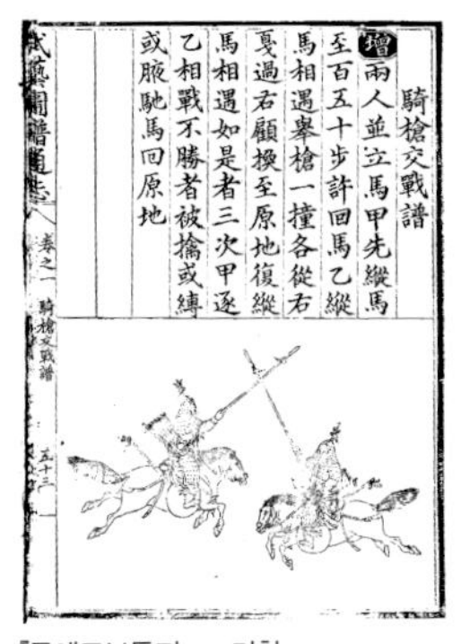
騎槍交戰譜
增 兩人並立馬甲先縱馬至百五十步許回馬乙縱馬相遇舉槍一撞各從右戛過右顧換至原地復縱馬相遇如是者三次甲逐乙相戰不勝者被擒或縛或脫馳馬回原地

『무예도보통지』 – 기창

『병학지남』 – 출전수변설복도

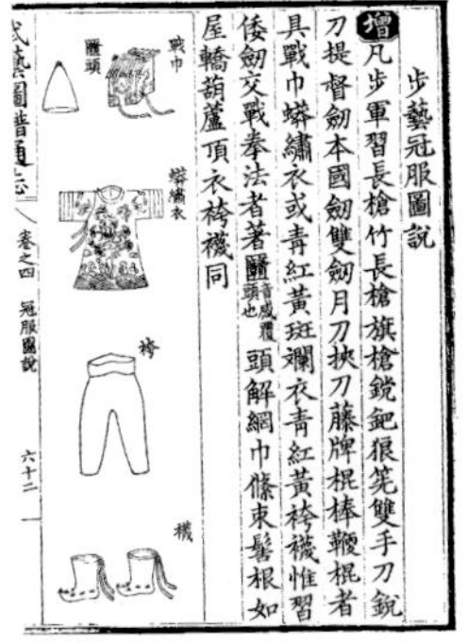
步藝冠服圖說
增 凡步軍習長槍竹長槍旗槍鋭鈀狼筅雙手刀鋭刀提督劒本國劒雙劒月刀挾刀藤牌棍棒鞭棍者具戰巾蟒繡衣或青紅黃斑襴衣青紅黃袴襪惟習倭劒交戰拳法者著氈頭解網巾條束髻根如屋轎葫蘆頂衣袴襪同

『무예도보통지』 – 관복도설

6 일제 강점기

조선을 차지하려는 야욕에 불타던 일본은 1910년 강제로 나라를 빼앗기에 이르렀다. 나라를 잃은 이후 국내와 국외를 가리지 않는 독립운동이 일어났고, 중국 상하이에는 대한민국 임시정부가 건립되어 독립운동을 지휘하기도 했다. 제2차 세계대전 이후 우리나라는 일본의 손아귀에서 벗어났지만 미국과 소련의 지배체제로 분단되고 말았다. 사상과 이념의 분단은 결국 민족 최대의 비극인 6 · 25 전쟁을 낳았다.

봉오동 전투

1901년 8월, 대한 제국은 사라지고 우리나라의 주권은 일본으로 넘어갔다. 일제는 조선 총독부를 세워 우리나라를 통치하기 시작했다. 군대와 폭력을 동원한 무단 통치가 계속 이어졌고 백성들은 살기가 더욱 힘들어졌다.

이러한 가운데 결성된 각종 애국 단체 및 열사들의 독립 열망은 3·1 운동을 낳았다. 전국적인 3·1 운동 이후 일제의 탄압은 더욱 거세졌고 독립운동을 계속하려는 사람들은 만주로 발길을 돌릴 수밖에 없었다.

만주로 옮긴 이들은 길림성 봉오동 일대를 중심으로 활동하였다. 봉오동은 원래 황무지였으나 함경도에서 온 최진동이라는 사람이 황무지를 개간해 마을을 이루고 봉오동이라 이름 지은 곳이다. 많은 독립운동 단체들이 이곳 인근으로 속속 모여들면서 봉오동은 자연스럽게 만주 동부지방의 독립운동 중심지가 되었다.

봉오동의 독립군은 종종 두만강을 건너가 일본군 초소를 공격하였고 일본군 역시 보복전을 폈다. 홍범도가 이끄는 대한독립군, 안무가 이끄는 국민회군, 최진동이 이끄는 군무도독부의 연합군은 봉오동 일대로 일본군을 유인해 격전을 벌일 계획을 하고 있었다. 작전이 짜여지자 홍범도의 지시를 받은 부대가 새벽에 일본군을 습격한 다음 달아나는 척하며 적을 봉오동으로 유인했다. 일본군은 독립군을 토벌할 수 있는 좋은 기회라고 생각하여 달아나는 독립군을 봉오동까지 추격했다. 추격하는 길 근처에 숨어 있던 연합군은 지나가는 일본군을 보고도 공격하지 않았다.

그런데 봉오동 마을에는 주민들이 모두 대피하고 한 사람도 남아 있지 않았다. 왜적에게 어떤 것도 빼앗기지 않겠다는 홍범

봉오동 전투 기록화

도의 작전이었다. 일본군이 완전히 포위망 안으로 들어온 후에야 독립군의 공격이 시작되었다.

"쏘아라! 한 놈도 놓치지 말라!"

총소리가 울리기 시작하였다. 포위를 당한 일본군은 갈팡질팡하며 풀숲에서 뒹굴었다. 독립군의 집중 공격이 몇 시간이나 계속되었을까. 일본군이 정신을 차리지 못하고 있는 사이 먹구름이 다가와 소나기를 퍼부었다.

"아이쿠! 소나기가 우리를 살려주는구나."

일본군은 앞이 보이지 않을 만큼 퍼붓는 소나기를 틈타 줄행랑쳤다. 남겨진 일본군의 주검은 157구나 되었다.

봉오동에서 다시 한 번 '대한 독립 만세' 함성이 울려퍼졌다.

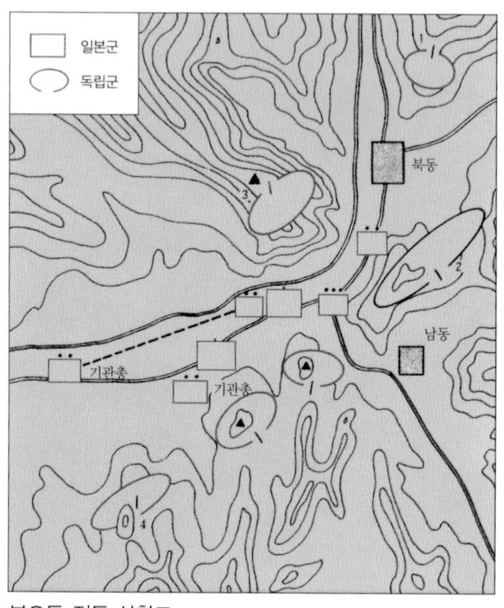

봉오동 전투 상황도

청산리 전투

우리나라 무장 독립운동 중 가장 빛나는 전과를 올린 전투라 할 수 있는 청산리 전투는 만주 길림성 화룡현 청산리 백운평의 원시림 속에서 시작되었다.

1920년 10월 21일 독립군은 백운평 숲 속 길목에 숨어 적을 기다리고 있었다. 김좌진과 이범석이 이끄는 북로군정서의 군사와 홍범도가 이끄는 연합부대를 합친 3,000여 명의 부대였다. 이들은 러시아 등지에서 들여온 최신식 소총과 기관총 등으로 완전 무장을 하고 있었다.

드디어 일본군 부대가 지나가기 시작했다. 1만 명 규모의 대부대였다. 독립군은 당황하지 않고 적들이 함정 속으로 모두 들어올 때까지 침묵을 지켰다.

"피융!"

이범석의 총알 하나가 적막을 뚫고 날아 선두에 선 일본군을 거꾸러뜨리자 이를 신호로 독립군의 총구가 일제히 불을 뿜었다. 적은 총을 잡으려다가 쓰러지고, 총을 겨누려다가 쓰러지고, 쓰러진 위에 쓰러져 주검이 쌓여 갔다. 일본군도 결사적으로 항전했지만 유리한 지형을 이용한 독립군의 상대가 될 수 없었다.

큰 승리를 거둔 독립군은 갑산촌으로 이동하였다. 일본군의 포위망을 벗어나기 위해서였다.

갑산촌에 도착한 독립군은 시마다가 거느린 기병 중대 120명이 가까운 한국인 마을 천수평에 주둔하고 있다는 정보를 얻었다. 독립군은 곧 천수평으로 이동해 일본군을 포위하고 집중 사격을 가했다.

도망친 적은 겨우 네 사람 뿐, 일본군은 시마다 중대장을 포함한 모두가 목숨을 잃었다. 독립군은 사살한 일본군 중대장 시

청산리 전투 기록화

마다의 주머니를 뒤지던 중 비밀 문서를 발견하였다. 일본군 부대가 위치하고 있는 곳을 적어 놓은 문서였다.

"좋은 정보를 얻었구나!"

독립군은 이들 일본군 부대가 마록구로 이동할 것으로 예상하고 미리 잠복하는 작전을 세웠다. 예상대로 얼마 지나지 않아 2만 명의 일본군이 이곳을 지났고, 독립군의 기습이 시작되었다. 이틀 밤낮에 걸친 싸움 끝에 독립군은 다시금 승리를 거두었다.

이어서 몇 차례의 전투가 계속되었다. 여러 차례의 싸움에서 적군 1,200명을 사살하였고 독립군 100여 명이 장렬히 전사했다.

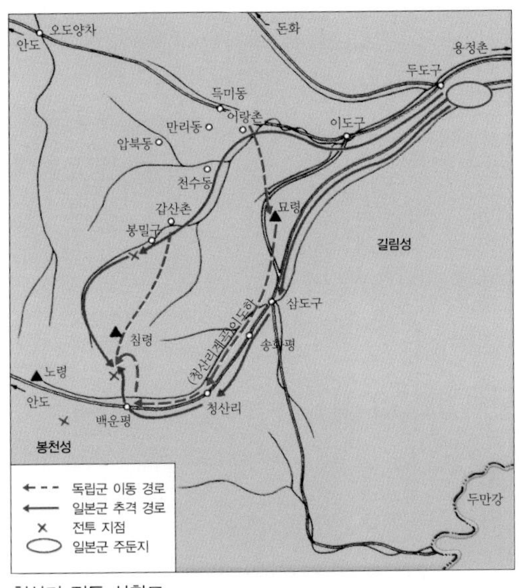

청산리 전투 상황도

쌍성보 전투

일본은 우리 나라뿐만 아니라 중국까지 침략하여 아시아 전체를 굴복시키려는 야망을 품고 있었다. 우선 만주의 이권을 차지하고자 한 일본은 1931년에 만주사변을 일으켜 만주를 점령하였고, 1932년에는 쫓겨난 청나라의 황제를 왕으로 앉혀 '만주국'이라는 친일 허수아비 나라를 세웠다. 일본 괴뢰정부인 만주국이 들어서자 만주 일대의 중국인들도 극심한 저항을 하였다. 당시 만주를 무대로 항일 전쟁을 펼치던 독립군은 이들 중국인들과 힘을 합쳐 일본을 상대로 많은 전투를 벌였는데 그 대표적인 전투가 쌍성보 전투다.

쌍성보는 안중근이 일본의 이토 히로부미를 사살했던 하얼빈에서 가까운 도시다. 일본과 만주국을 지지하는 부자들이 많이 사는 곳이라 이들을 지키는 만주국군 2개 부대가 주둔하는 곳이기도 했다.

이청천이 거느리는 한국 독립군과 중국인 고봉림이 거느리는 길림 자위연합군은 힘을 합쳐 쌍성보를 공격하기로 했다. 일본 관동군의 앞잡이인 만주국군을 쳐부수기 위한 것이었다.

한·중 연합군은 1932년 9월 20일 밤 8시부터 쌍성보의 만주국군을 공격하기 시작했다. 두 시간 정도 계속된 공격 끝에 쌍성보의 서문이 무너지자 만주군은 북문 쪽으로 달아났다. 그러나 한·중 연합군은 곧 관동군이 몰려올 것을 짐작하고 50리(약 20km) 정도 떨어진 우가둔으로 물러갔다.

한 발 물러섰던 연합군은 전열을 가다듬어 그해 11월 17일에 다시 쌍성보를 공격하였다. 독립군의 돌격대 200명이 먼저 앞장서고 나머지 군사들은 정면과 좌우, 배후에서 입체적인 공격을 펼쳤다. 만주국군은 박격포와 수류탄으로 응전했지만 연합군은 대포를 발사하며 맞섰다. 두어 시간 정도의 전투에서 성문이 뚫리자 연합군은 성 내부로 진입해 시가전을 벌인 끝에 성 안에 있던 만주국군과 일본 관동군을 남김없이 사살했다.

큰 피해를 입어 사기가 떨어진 만주국군과 일본군은 3일 후에 폭격기까지 앞세우고 쌍성보의 연합군을 공격하였다. 화력에서 밀린 연합군은 쌍성보를 내어 주고 다시 산골짜기로 물러설 수밖에 없었다.

영릉가 전투

"우리 조선 혁명군과 요령 민중자위군이 손을 잡으면 1천 명이 넘는 군사입니다. 왜놈 한번 혼내 봄직 하지요."

조선 혁명군을 이끄는 장군 양세봉과 요령 민중자위군을 이끄는 중국인 장군 이춘윤이 손을 잡고 일본 관동군과 그 허수아비인 만주국군을 공격하기로 하였다. 이춘윤은 일본의 앞잡이인 만주국을 상대로 항쟁하는 중국인 투사였다.

이 한·중 연합군이 1932년 4월 남만주 요령성 신빈현의 영릉가에 진격하여 관동군과 만주국군을 크게 물리친 것이 영릉가 전투다. 당시 신빈현에는 만주국군 1개 연대가 주둔하고 있었고, 그 일부가 영릉가에 있었다. 연합군은 우선 영릉가의 만주군부터 공격하기로 하였다.

1933년 4월 어느 날, 양세봉이 이끄는 조선혁명군은 세 발의 총성을 신호로 영릉가 남문 쪽으로 잠입하였다. 밤 12시가 되자 이춘윤이 이끄는 요령 민중자위군은 영릉가의 북문 쪽에서 성내를 공격하였다

총소리와 아우성이 이어졌고 몇 시간의 전투 끝에 연합군은 만주군 80명을 사살하고 요령성을 점령할 수 있었다. 적은 독립군이 공격해 오리라고는 상상도 못하고 있다가 당한 것이라 80여 명의 주검을 그대로 두고 달아나고 말았다.

얼마 후 만주국군은 관동군의 후원 부대를 동원하여 패배의 복수를 하겠다며 영릉가에서 가까운 신빈현성을 점령하였다.

조선 혁명군과 요령 민중자위군은 곧바로 신빈현성 공격에 나섰다. 영릉가에서처럼 야간 기습 작전이었다. 총소리가 울린 몇 시간 만에 적은 다시 많은 희생자를 내고 도망치고 말았다.

얼마 뒤 5월 8일에 관동군과 만주 국군이 다시 영릉가를 노리고 쳐들어왔다. 한·중 연합부대는 이틀간의 격전 끝에 이들을 물리쳤다. 조선 혁명군과 요령 민중자위군은 적은 힘을 모아 큰 활약을 펼치며 독립운동사에 뚜렷한 자취를 남겼다.

주요 인물

김좌진(金佐鎭, 1889~1930)

독립운동가. 일찍이 신문명을 받아들여 집안의 노예를 해방하고 소작인에게 땅을 나누어주었다. 을사조약 이후 서울에 와서 대한협회 간부를 지내고, 1913년 대한 광복단에 가담하여 독립운동 자금을 모았다. 1917년 만주에서 북로군정서의 총사령관이 되어 독립군을 양성했다.

청산리 전투에서 큰 승리를 거두었고 흑룡강 부근에서 대한독립군단을 결성하여 부총재가 되었다.

러시아로 이동해 독립운동을 펴다가 상황이 어려워지자 만주로 돌아왔다. 이후 사관학교를 세워 독립군 양성에 힘쓰다가 암살당했다.

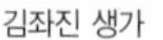
김좌진 생가

양세봉(梁世奉, 1896~1932)

독립운동가. 3·1운동 후 최시흥이 이끄는 천마산부대에 들어가 일본의 행정기관 파괴, 밀정 및 요인 암살 등 항일운동에 투신하였다. 1920년 남만주로 망명하여 1923년 조선 혁명군 총사령관이 되었다. 뒤에 이춘윤과 한·중 연합군을 조직, 영릉가에서 관동군과 만주군을 쳐부수었다. 통화현 두도구에서 일본군과 싸우다가 전사하였다.

이범석(李範奭, 1900~1972)

독립운동가. 1915년 중국으로 망명해 활동했다. 청산리 전투에서 김좌진을 도와 전과를 올렸으며, 이청천과 함께 광복군을 창설하여 참모장으로 활동하였다. 1945년 광복을 맞아 귀국한 뒤 조선 민족청년단을 조직하여 단장이 되었고 1948년 대한민국 정부 수립과 함께 초대 국무총리로 취임하였다.

이청천(李青天, 1888~1959)

독립운동가. 조선 말엽에 정부 파견으로 일본 육군 사관학교를 졸업하고 1919년 만주로 망명해 신흥 무관학교에서 독립군 간부를 양성하였다.

1920년 서로군정서를 조직하였고 청산리 전투 후 흑룡강 근처로 이동, 김좌진 등과 함께 대한 독립군단을 조직했다. 1925년 양기탁, 오동진과 함께 정의부(正義府)를 조직하는 등 여러 독립운동에 가담하여 항일운동을 지휘하였다. 1940년에는 임시정부의 광복군 총사령관이 되어 중화민국군과 손잡고 항일 투쟁을 계속하였다.

광복 후 조국에 돌아와 대동청년단 단장이 되었고, 무임소장관, 국회의원 등을 지냈다. 독립운동을 할 때는 이청천이라는 이름을 썼으나 정부 수립과 함께 본디의 성인 지씨를 되찾았다.

최진동(崔振東, ?~1945)

봉오동 전투와 청산리 전투를 승리로 이끈 독립운동가. 함경북도 온성 출신으로 일찍이 만주의 중국군 부대에서 무술을 익혔다.

3·1운동 후 3형제가 독립군이 될 것을 결의하고 동지들을 모아 활동하였다. 부하 군사 500명을 무장시켜 훈련하였고 도독부를 조직하고 대장이 되었다.

홍범도와 함께 봉오동 전투를 지휘하여 큰 승리를 거두었고 청산리 전투에서도 전과를 올렸다. 그 이후에도 홍범도와 함께 여러 전투에 나섰다.

홍범도(洪範圖, 1868~1943)

일제 강점기의 의병장. 항일투사. 1907년 차도선, 태양욱 등과 의병을 일으켜 갑산, 삼수, 혜산진, 풍산 등지에서 활동하였다.

일본에게 나라를 잃은 후에는 간도로 건너가서 독립운동을 폈다. 3·1 운동 이후 동포들이 독립운동 단체 '간도 대한국민회(間島大韓國民會)'를 조직하자 이 단체가 거느리는 대한독립군의 총사령관이 되어 혜산진, 갑산, 만포진 등지에서 큰 승리를 거두었다. 1920년 봉오동 전투와 청산리 전투에서도 큰 활약을 하였다. 그 후 대한 독립군단의 부총재가 되었고 러시아에서 활동하다가 사망하였다.

무기

브라우닝 모델 1900 권총

안중근 의사가 1909년 만주 하얼빈역에서 이토 히로부미를 저격할 때 사용한 권총. 7.62mm 구경의 이 권총은 다소 위력이 약하지만 크기가 작아 휴대간 간편한 것이 특징이다. 당시 경찰이나 군인은 물론이고 민간인도 호신용으로 널리 사용했다.

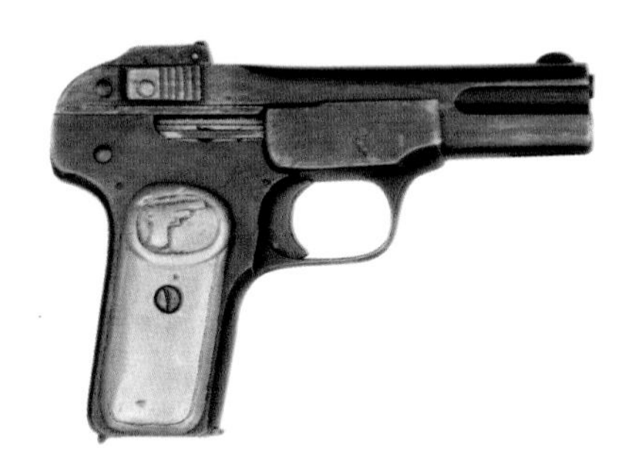

모신나강식 보병총

러시아에서 개발한 소총으로 독립군이 많이 사용한 소총 중 하나. 중국에서 활약한 독립군은 무기를 구하는 것 자체가 전투만큼이나 어려워 무기의 종류를 가릴 처지가 아니었다. 중국, 러시아, 미국제 무기는 물론이고 적국인 일본 무기를 구해 사용하기도 했다. 상대적으로 러시아제 무기의 비중이 높았는데 모신나강식 소총은 명중률이 높아 많이 사용하였다.

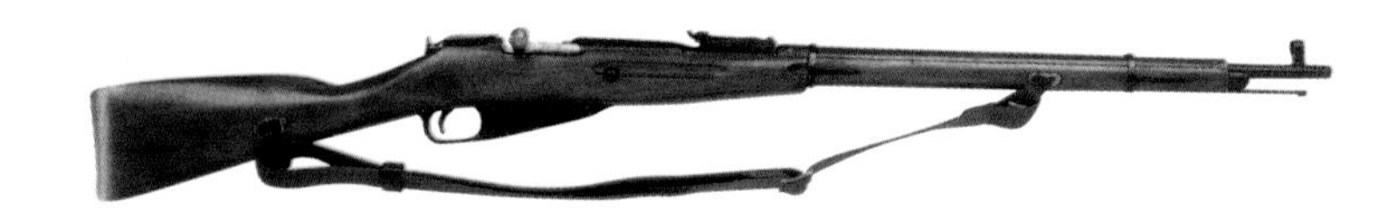

민국23식 소총

대한민국 임시정부의 핵심 무장 세력인 광복군이 가장 널리 사용한 소총. 이 총은 독일제 마우저 Kar98 소총을 중국에서 개량한 것으로 당시 중국 지도자였던 장제스의 호를 따서 중정식中正式 소총으로 불렸다. 1940년대 중국군이 주력으로 사용한 소총이기도 하다. 구경 7.92mm에 길이는 110cm다.

정리 신재호

7 대한민국

1945년 제2차 세계대전이 일본의 패배로 끝나며 우리 나라는 일본의 불법 점령에서 벗어났다. 하지만 전쟁 승리국인 미국과 소련은 북위 38도 선을 경계로 우리 나라를 둘로 나누었고 각자의 이념과 사상을 우리 나라에 심었다. 대립적인 두 지배 체제는 우리의 생각을 둘로 나누었으며 이는 결국 6 · 25전쟁을 낳았다. 3년간의 6 · 25전쟁은 셀 수 없을 만큼 많은 피해를 낳은 민족 최대의 비극이다.

인천 상륙 작전

1950년 6월 25일 새벽, 38도선 전역에서 공산군의 공격이 사작되었다. 6·25 전쟁이 시작된 것이다.

오랜 기간 동안 남침을 준비한 북한은 탱크를 앞세워 남쪽으로 물밀듯이 내려왔고 국군은 후퇴를 거듭하였다. 온 국민이 짐을 꾸려 피난길에 나섰고 정부도 대전, 대구를 거쳐 부산에서 피난살이를 하게 되었다.

곧 유엔군이 참전하게 되었고 8월 초에는 낙동강 방위선이 그어졌다. 경상북도 영덕에서 안동, 상주, 왜관을 지나 경상남도 진주로 이어지는 전선이었다. 국군은 왜관에서부터 동해안에 이르는 동부 전선을 맡고 유엔군은 왜관에서 진주까지의 서부 전선을 나누어 맡았다.

낙동강 방위선은 남, 북 모두에게 물러설 수 없는 자리였다. 국군으로서는 이 전선에서 물러날 경우 전 국토가 공산군의 치하로 넘어가는 결과를 불러오게 되므로 목숨을 걸고 지킬 수 밖에 없었다. 북한 공산군도 이 전선에서 밀려나면 전쟁의 판도가 불리해지기 때문에 수많은 병력을 투입해서라도 어떻게든 돌파해야 하는 상황이었다.

낙동강 방위선의 공방전은 9월 중순까지 계속되었다. 국군과 유엔군은 서로 협조하면서 공산군을 막아내었다. 국군과 유엔군

인천 상륙 작전

은 전세를 뒤집기 위한 방책으로 상륙 작전을 계획하였다.

상륙 작전은 유엔군 총사령관인 맥아더 장군의 구상에서 시작되었다. 적의 후방에 지상군을 투입하여 공산군 주력 부대의 배후를 공격하겠다는 구상이었다.

검토 결과 상륙 작전을 펼 만한 곳은 인천, 군산, 주문진의 세 곳으로 압축되었다. 그 중 인천은 수심이 얕고 조수 간만의 차이가 심하며 바다가 육지 안으로 깊이 들어가 있어서 세 곳 중 가장 조건이 열악했다. 그러나 맥아더는 이러한 점 때문에 공산군의 방비가 허술할 것이라는 점을 노렸다. 인천은 서울을 도로 찾는 지름길이기도 하고 공산군의 보급로를 손쉽게 끊을 수 있는 곳이기도 했다.

1950년 9월 15일이 작전 개시일로 낙점되었고 상륙부대의 병력은 국군과 유엔군을 합쳐 약 7만 명으로 정해졌다. 많은 병력을 한꺼번에 실어나르기 위해 군함도 261척이나 동원되었다. 상륙을 주도할 부대는 9월부터 부산 근처로 모여들었으며 나머지 군사들은 일본에서 출발하였다.

상륙전은 맥아더의 진두지휘로 이루어졌다. 상륙을 이틀 앞둔 9월 13일부터 적진에 맹렬한 함포 사격과 폭격이 있었다. 공산군의 방어 진지를 부수어 놓고 미처 정신을 차리지 못하는 사이에 상륙을 시도할 계획이었다.

드디어 9월 15일 새벽, 1차 상륙부대를 태운 군함 17척이 인천 월미도에 기습 상륙하였다. 이를 시작으로 해변에 전 병력이 차례로 상륙해 시가전을 벌였다. 인천을 적의 손에서 되찾은 것은 상륙 하루 만인 16일이었다. 석 달 동안 공산군 치하에서 고생하던 시민들이 나와서 국군과 유엔군을 환영하였다.

9월 26일에는 국군이 서울에 진입하였고 국군의 손으로 중앙청에 태극기가 걸렸다. 이틀 동안의 시가전 끝에 28일에는 서울을 완전히 수복하였다.

서울에 다시 태극기의 물결이 일어났다.

평양 탈환 전투

서울을 다시 찾은 국군과 유엔군은 승리에 승리를 거듭하였다. 보름도 지나지 않은 10월 11일에는 38도선마저 넘어 북쪽으로 진격하였다.

"다음은 평양에 태극기를 꽂는 일이다!"

국군의 사기는 하늘을 찌를 듯했다. 공산군을 뒤쫓으면서 진

평양 수복

격을 거듭한 국군의 다음 목표는 평양이었다. 북한의 수도인 평양을 하루빨리 점령하는 것이 전쟁을 끝내는 길이라는 생각이었다.

국군은 평양을 포위하고 공격을 서둘렀다. 선봉에 선 국군 제1사단은 10월 19일 오전에 대동강을 건너 평양 시가의 중심부를 뚫었다. 시가전이 벌어졌지만 이미 전세가 꺾인 공산군은 이렇다 할 반격을 가하지 못하고 있었다. 얼마 지나지 않아 제1사단 병사들의 손으로 북한의 내각본부, 인민위원회, 도청 등 중요 건물에 태극기가 나부꼈다.

한편 평양의 북쪽으로 진입한 국군 제7사단은 방송국 등을 점령하고 평양에 태극기가 휘날린다는 소식을 북한 전역으로 알렸다.

1950년 10월 30일, 대한민국 이승만 대통령이 수복된 평양을 방문하였다. 평양 시청 광장에 마련된 대통령 환영식 행사장에는 손에 태극기를 든 군중이 모여 목이 터질 듯 대한민국을 외쳤다.

철의 삼각지대 전투

평양을 수복한 국군과 유엔군은 압록강까지 진격했다. 그러다가 북한을 돕기 위해 참전한 중공군과 맞닥뜨리게 되었다. 중공군의 무기는 보잘 것 없었지만 희생을 무릅쓰고 수많은 병력으로 밀어붙이는 인해전술을 쓰기 때문에 국군과 유엔군은 물러설 수밖에 없었다.

전투는 다시 3·8선 부근에서 벌어지게 되었다. 특히 '철의 삼각지대' 에서는 2년 반이 넘게 접근전이 계속되었다. 철의 삼각지대는 평강, 철원, 김화를 잇는 지리적 세모꼴 안을 말한다. 중부 지역의 중심에 위치한 곳으로 이 지역을 확보해야만 중부지역을 안정적으로 장악할 수 있는 곳이다.

1952년 8월, 중공군과 공산군은 병력과 무기를 보강하여 국군이 지키고 있던 철의 삼각지대 내 수도고지를 공격해 왔다. 적은 하루 평균 2만 발이 넘는 포격을 동원하고 인해전술로 돌격해 백병전을 벌이는 등 엄청난 규모의 공격을 퍼부었다. 포탄에 맞아 나뭇가지가 모두 부러지고 엿새 동안 일곱 번이나 고지의 주인이 바뀔 정도로 치열한 공방전이 계속되었는데 결국 마지막에 고지를 점령한 것은 우리 국군이었다.

이런 전투는 다른 고지에서도 마찬가지였다. 철의 삼각지대로 통하는 길에 위치한 백마고지에서도 치열한 전투 끝에 9월 29일부터 10월 29일까지의 한 달 사이 25회 이상 고지의 주인이 바뀌었다.

1953년 휴전이 가까워지자 공산군은 유리한 지역을 확보하기 위해 더욱 극심한 공격을 가해 왔다. 그러나 국군은 하나의 고지도 내어 주지 않았다. 국군의 피로 지켜낸 것이다.

무기

| 소총 |

M1 개런드

6·25 전쟁 당시 국군의 주력 소총. 미국에서 개발한 구경 7.62mm 소총으로 제2차 세계대전과 6·25 전쟁 당시 미군이 주력 소총으로 사용하기도 했다. 군용 소총 중 최초로 반자동식을 채용해 일일이 손으로 탄피를 빼낼 필요 없이 방아쇠만 계속 당기면 연속해서 사격할 수 있는 것이 특징이다. 길이는 약 110cm, 무게는 약 4.3kg이다.

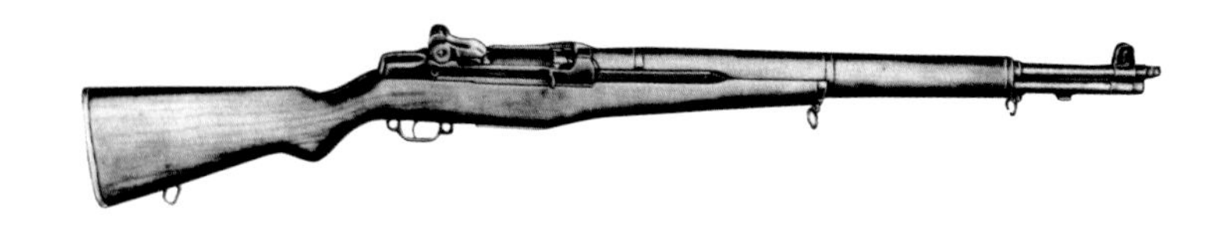

M1 카빈

6·25 전쟁 당시 국군의 일부 지휘관이나 병사들이 주로 사용한 소총. 카빈carbine은 원래 길이가 상대적으로 짧은 기병용 소총을 의미하는 용어다. 구경은 7.62mm로 M1 개런드 소총과 같지만 위력은 다소 약하다. 무게는 2.49kg으로 M1 개런드 소총보다 훨씬 가볍고, 길이도 90.37cm로 짧은 편이어서 병사들로부터 인기가 높았다.

M1918 BAR 자동소총

미국에서 1918년 개발한 자동소총. 10명 내외로 구성된 당시 국군의 육군 분대 무기 중 완전 자동 사격이 가능했던 유일한 총이다. 구경 7.62mm의 자동소총이라고는 하지만 무게가 8.7kg으로 무겁고 반동이 너무 큰 것이 단점이다.

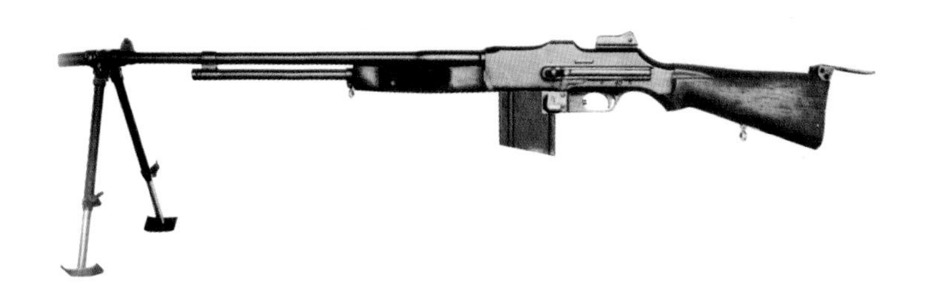

PPsh-41 기관단총(북)

북한군이 사용한 구 소련제 기관단총. 당시 북한군 주력 소총인 모신나강 소총이나 국군의 M1 소총과 달리 완전 자동으로 사격할 수 있는 것이 특징이다. 흔히 '따발총'으로 부르며 '뚜루레기'라고 부르기도 한다. 제2차 세계대전 당시 독일군 기관단총에 대항하기 위해 구 소련에서 1942년에 개발한 구경 7.62mm의 총이다.

| 포 |

박격포

곡사포 같은 일반적인 야포에 비해 포신이 짧고 사격 각도가 높은 화포. 일반적으로 뒷부분(포미)을 통해 포탄을 장전하는 현대 곡사포와는 달리 앞부분(포구)으로 포탄을 장전하는 경우가 많다. 사람이 들고 운반할 수 있도록 곡사포에 비해 상대적으로 크기가 작은 것이 보통이다. 국군과 미군이 사용한 박격포로는 구경이 60mm인 M2(사진), 구경이 81mm인 M1 등이 있다.

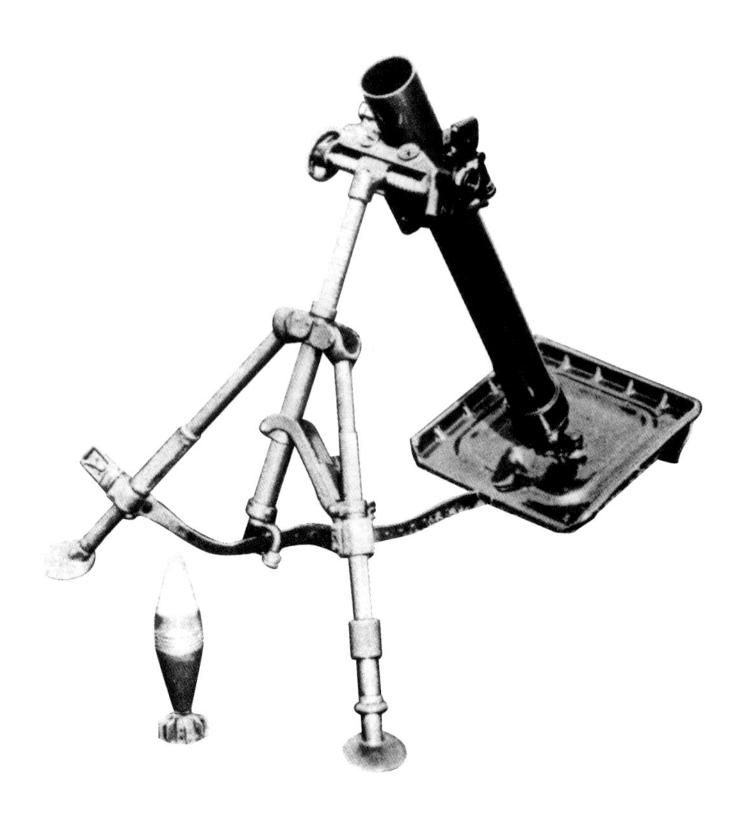

M3 곡사포

6·25 전쟁 초기 국군의 주력 곡사포. 구경은 105mm다. 제2차 세계대전 당시 미군의 주력 곡사포인 M2를 바탕으로 하여 공수부대가 사용 가능하도록 크기를 줄이고 무게를 가볍게 만든 모델이다. 그리 길지 않은 기간 동안 사용되었지만 현대 육군 포병 역사의 근간이 된 곡사포다.

Su-76 자주포(북)

북한군이 사용한 소련제 자주포. 자주포는 전차와 비슷하게 생겼지만 튼튼한 장갑을 부착한 것이 아니라 단순히 스스로 움직일 수 있게 만든 대형 포다. 이동하면서는 사격을 할 수 없고 한 자리에 멈춰 서 있을 때만 사격할 수 있다. 주포는 76.2mm이며 무게는 10.8t, 최고 시속 45km로 이동할 수 있다.

| 장갑차와 전차 |

M8 경장갑차

일반적인 자동차형 바퀴가 달려 있는 차륜형 장갑차. 6·25전쟁이 발발하였을 때 국군이 보유했던 유일한 장갑차다. 1942년 5월 미국에서 개발하여 제2차 세계대전 당시 정찰용으로 많이 사용했다. 37mm 기관포를 탑재하고 있으며 무게는 7.94t, 최고시속 89km로 이동할 수 있다.

M-36 경전차

국군이 최초로 보유했던 전차. 미국에서 1944년 개발된 전차로 1950년 10월 도입되어 1951년부터 실전에서 사용했다. 일부 모델은 포탑에 덮개가 없는 등 전형적인 전차가 아니라 포 운반차에 가까울 정도였다. 90mm주포가 탑재되었는데 강력한 성능으로 유명했다. 무게는 29t이다.

M8 경장갑차

T-34 전차(북)

북한군이 주력 무기로 사용한 전차. 6·25 전쟁 당시 국군에는 이 전차를 상대할 만한 무기가 없어 많은 희생을 치렀다. 구 소련이 제2차 세계대전 당시 개발하여 독일군을 무너뜨리는 데 큰 공헌을 하기도 했다. 주포가 76mm인 것과 85mm인 것이 있는데 북한군이 사용한 것은 85mm 주포를 탑재한 것이다. 무게는 26t에 최고 시속 55km로 이동할 수 있다.

M-36 경전차

| 기타 개인 무기 |

M20 바주카포

전차를 파괴할 수 있는 휴대용 대전차 무기. 북한의 전차를 방어할 수 있는 무기로 국군과 미군의 전차 공포증을 날려버리는 데 큰 공헌을 했다. 1950년 7월, 개발이 완료된 지 채 열흘도 지나지 않아 우리나라에서 전투 중인 미군이 처음으로 사용했다. 1950년 8월부터는 국군도 사용했다.

수류탄

손으로 던진 후 일정한 시간이 흐르거나 충격을 받으면 폭발하는 무기. 쉽게 던질 수 있도록 무게는 1kg 이하인 경우가 대부분이며 파편이나 연막, 가스, 화염 등을 내뿜을 수 있다. 6·25 전쟁 당시 국군과 미군은 MK2, MK2A1 등의 수류탄을 사용했고 북한군은 F-1, RG-42, RPG-43 등의 수류탄을 사용했다.

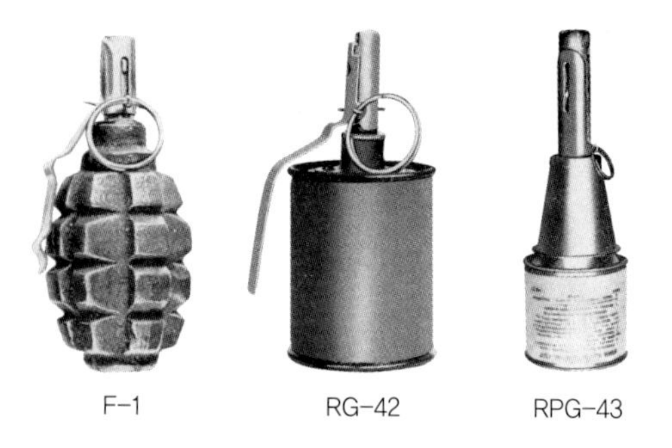

F-1 RG-42 RPG-43

| 군함 |

백두산함

6·25 전쟁 당시 해전에서 첫 전과를 거둔 한국 해군의 군함. 1950년 6월 25일 밤 부산 앞바다에서 특수부대를 태운 북한 수송선을 격침하면서 한국을 위기에서 구한 역사적 군함이다. 제2차 세계대전 당시 미국에서 연안 경비용으로 사용하던 PC-461 초계정을 1949년 국민들의 성금으로 구입하여 사용한 배다.

미주리호(미국)

6·25 전쟁 당시 동해안에서 활약한 미국 해군 군함. 1944년에 만들어 제2차 세계대전에서도 활약했다. 길이 271m, 배수량 4만 5,000t 급으로 406mm 주포 16문을 탑재해 강한 공격력을 펼쳤다. 현재 하와이에 전시 중이다.

| 항공기 |

F-51 머스탱 전투기

대한민국 공군 최초의 전투기. 1950년 7월 우리 공군 조종사들이 일본에 있던 미군 기지에서 처음 인수하였는데 30분 정도의 연습 비행만 마치고 국내로 가져와 다음날 바로 실전에 투입한 사연을 지니고 있다. 1940년대 초반에 미국이 개발한 전투기로 최고 속도는 시속 704km고 구경 12.7mm 기관총 4~6정과 각종 폭탄을 탑재할 수 있다.

F-86 전투기(미)

6·25 전쟁 당시 미 공군의 주력 전투기. 1949년 개발이 완료되어 우리나라에서 처음으로 실전 경험을 치렀다. 공산군 MiG-15 전투기와의 치열한 경쟁에서 승리하여 미군이 한반도 상공의 제공권을 장악하는 데 결정적인 역할을 했다. 최고 속도는 시속 1,100km고 12.7mm 기관총 6정을 탑재했다. 사진은 1955년 우리 공군이 도입해 운용한 F-86 전투기의 모습.

B-29 폭격기(미)

6·25 전쟁 당시 미 공군의 주력 폭격기. 1945년 8월 일본 히로시마에 원자폭탄을 투하한 폭격기로도 유명하다. 6·25 전쟁 초기 하늘의 요새로 군림했지만 공산군 MiG-15 전투기가 출현하면서 활동이 크게 위축되었다. 최고 속도는 시속 576km고 총 9,072kg의 폭탄을 탑재할 수 있다.

MiG-15 전투기(중)

6·25 전쟁 당시 공산군의 주력 전투기. 1950년 겨울 미국의 F-86 전투기와 대결을 펼치면서 세계 최초로 제트 전투기간의 공중전 시대를 열었다. F-86에 비해 기동성과 상승 성능이 우수했으나 비행 안정성과 신뢰성이 떨어진다는 평을 받았다. 구 소련에서 1948년부터 만들었다. 최고 속도는 시속 1,075km에 23mm 기관총 2정을 탑재했다. 사진은 미군이 노획한 MIG-15 전투기의 모습.

정리 신재호

우리나라 현대 무기

| 육군 |

K-1, K-1A1 전차

K-1 전차는 우리나라 육군의 주력 전차로 2007년 현재 1,000여 대를 사용하고 있다. 주포의 구경은 105mm고 12.7mm 기관총 1정과 7.62mm기관총 2정 등으로 무장한다. 길이는 9.67m에 무게는 51.1t이고 최고 시속 65km로 달릴 수 있다. 1987년부터 육군에서 사용하고 있다.

K-1A1 전차는 K-1전차를 개량한 전차다. 주포가 120mm로 커지는 등 화력이 강화되었고 방어력이 뛰어난 국산 장갑 등을 갖춘 것이 특징이다. 4,000m 떨어진 적을 발견하고 3,000m 거리의 적을 구체적으로 식별할 수 있는 능력도 갖추었다.

XK-2 전차

우리 기술로 개발한 세계 최정상급 전차. '흑표'라는 별명으로 불리기도 한다. 주포의 구경은 120mm고 여러 가지 최신 장비를 갖추어 적의 미사일 등을 효과적으로 방어한다. 또한 기존 전차가 공중에서의 공격에 약했던 점을 보완하기 위해 헬기를 공격하기 위한 특수 포탄도 갖추고 있다. 길이 7.5m, 폭 3.5m에 무게는 55t이고 최고 시속 70km로 달릴 수 있다. 육군이 2011년부터 사용할 계획이다.

K-21 차기보병전투장갑차

장갑차란 인원을 수송하거나 전투용으로 만들어진 장갑 차량이다. K-21 차기보병전투장갑차는 단순히 병력을 수송할 뿐 아니라 웬만한 전차도 파괴할 수 있는 공격력도 함께 갖춰 보병전투장갑차라 불린다. 강력한 성능의 40mm 기관포와 헬기를 격추할 수 있는 특수 포탄, 적 전차를 공격하는 미사일 2발로 무장하고 있다. 길이 6.9m에 폭은 3.4m고 무게는 25t이다. 최고 시속 70km로 달릴 수 있으며 전투병 9명을 태울 수 있다.

K-9 자주포

세계 최고 수준의 우리 자주포. 기존의 자주포는 이동 중 포탄을 쏘기 위해 멈추면 3~11분이 지나야 첫 포탄을 쏠 수 있었는데 K-9은 이 시간을 1분 이내로 단축했다. 또한 발사 속도 등 여러 성능이 기존 우리 육군 자주포인 K-55 3문과 같은 위력이라고 평가된다. 155mm 구경에 최대 사거리는 40km정도다. 승무원 5명이 탑승하며 최고 시속 67km로 이동할 수 있다. 2001년 터키로 수출한 것을 시작으로 호주, 말레이시아 등 세계 각국으로 수출이 추진중이다.

UH-60 헬기

병력 수송용으로 사용하는 육군의 대표적 헬기. '블랙호크Black Hawk'라는 별명이 있다. 미국에서 개발하였으며 2000년까지 총 113대가 도입되어 사용중이다. 2명의 승무원 외에 최대 12명의 병력을 태울 수 있다. 길이 19.7m, 무게 5.2t이며 중간에 착륙하지 않고 584km를 날아갈 수 있다.

AH-1 헬기

적 전차와 장갑차 등을 기관포, 미사일, 로켓 등으로 파괴하는 공격용 헬기. '코브라Cobra'라는 별명으로 유명하다. 1분에 750발의 기관포탄을 쏠 수 있는 구경 20mm 기관포, 적 전차를 파

괴할 수 있는 토우 미사일 8발, 70mm로켓 등으로 무장하고 있다. 2007년 현재 육군에서 70여 대를 사용하고 있다.

MLRS 다연장로켓 시스템

여러 발의 로켓을 발사해 적 장갑차량, 포병부대, 보병부대 등을 공격할 수 있도록 만들어진 무기. 이동식 발사 차량에 12발의 로켓이 실려 있다. 로켓 1발에는 수류탄과 비슷한 위력의 소형 폭탄 644발이 들어 있어 가로 100m 세로 200m 지역을 한꺼번에 파괴할 수 있다. 12발 모두를 발사하는 데 채 1분이 걸리지 않는다. 무게는 25.2t이고 승무원 3명이 탑승해 최고 시속 64km로 이동할 수 있다.

KDX-Ⅰ 구축함

구축함은 미사일이나 어뢰 등으로 적의 함정을 물리칠 수 있는 능력을 가진 군함이다. KDX-Ⅰ 구축함은 배수량 3,500t급 구축함으로 2007년 현재 총 3척이 만들어졌다. 첫 번째로 만들어진 KDX-Ⅰ 구축함 이름이 광개토대왕함이어서 '광개토대왕급級'으로 부르기도 한다. 우리 해군 군함으로는 처음으로 항공기 등을 공격하는 함대공 미사일 16발을 갖추어 방공 능력을 키웠다. 구경 127mm함포, 적 함정을 공격하는 대함 미사일 8발 등도 갖추고 있다.

KDX-Ⅱ 구축함

배수량 5,000t급 구축함으로 우리 해군이 2007년 현재 6대를 사용하고 있다. 2003년 처음 배치된 배의 이름을 따 '이순신급'으로 부르기도 한다. 100km 이상 떨어진 항공기를 격추할 수 있는 함대공(배 위에서 발사하여 공중의 목표물을 공격하는 것) 미사일 32발, 함대함(배 위에서 발사하여 적의 배를 공격하는 것) 미사일 8발 등으로 무장하고 있다. 특히 우리 해군 군함 중 처음으로 적 군함, 항공기, 잠수함 등을 공격하고 이들로부터의 공격을 막을 수 있는 무기를 갖추어 우리나라에서 멀리 떨어진 바다에서도 활약할 수 있다. 260명의 승조원이 탑승하며 길이는 150m, 만재 배수량(안전에 이상이 없는 범위에서 배에 빈 공간 없이 필요한 물품을 모두 채웠을 때의 배수량)은 5,500t이다.

KDX-Ⅲ 이지스 구축함

'이지스'는 그리스 신화에서 제우스가 딸 아테나에게 준 방패로 세상의 무엇이든 막을 수 있는 가장 강한 방패를 의미한다. 이지스 구축함은 그 이름대로 강력한 레이더를 이용해 적 항공기나 미사일을 수백 km 이상 떨어진 곳에서 찾아내 요격하는 능력을 지닌 구축함이다. 우리나라도 2007년 5월에 첫 이지스 구축함인 세종대왕함을 진수하면서 세계 5번째로 이지스 구축함 시대를 열었다. 헬기는 물론 함대함 순항(크루즈)미사일 등을 장착하고 있는 세종대왕함은 최대 1,000km 떨어져 있는 적 항공기를 찾아낼 수 있고 900개의 목표물을 한꺼번에 추적할 수 있는 첨단 레이더를 갖추고 있다. 만재 배수량은 1만 t에 육박한다. 우리 해군은 2012년까지 모두 3척의 이지스함을 도입할 예정이다.

대형 상륙함(LPH) 독도함

우리 해군의 첫 대형 상륙함(LPH)으로 2007년 7월부터 정식으

로 배치되었다. 대형 갑판에서 6~8대의 헬기가 동시에 뜨고 내릴 수 있어서 해상과 공중을 이용한 입체적 상륙작전을 펼 수 있다. 이지스함과 한국형 구축함 등으로 구성되는 기동 함대의 기함(사령관이 탑승하는 지휘함) 역할을 하는 함정이다. 700명의 병력과 전차 6대, 장갑차 7대, 트럭 10대, 야포 3문, 공기 부양 상륙정 2척 등을 수송할 수 있다. 배수량은 1만 4,000t급으로 웬만한 경항공모함에 육박한다.

209급 잠수함

우리 해군의 주력 잠수함. 1993년 처음 배치된 잠수함의 이름을 따 장보고급으로 불리기도 한다. 배수량은 1,200t급으로 어뢰 14발, 기뢰 28발 등으로 무장하고 있다. 길이는 56m고 33명의 승조원이 탑승해 최고 시속 37km로 이동할 수 있다. 물 위에서는 디젤 엔진, 물속에서는 디젤 엔진으로 충전한 배터리를 이용해 항해한다. 2007년 현재 우리 해군이 9척을 사용하고 있다.

214급 잠수함

209급에 비해 물속에서 항해할 수 있는 시간이 훨씬 길어져 공격력이 향상된 최신 잠수함. 재래식 잠수함 중 세계 최고 수준으로 평가된다. 핵잠수함이 아닌 재래식 잠수함은 배터리를 충전하기 위해 하루에 한 번 정도 수면 가까이 올라와야 하는데 214급은 2주 가량 물속에서 작전을 펼칠 수 있어 그만큼 적에게 발견될 가능성이 적다. 배수량 1,800t급으로 길이는 65.5m고 30명의 승조원을 태우고 최고 시속 37km로 이동할 수 있다.

P-3C 해상 초계기

레이더와 음파 탐지기 등을 통해 적 잠수함을 찾아내거나 바다 위의 함정을 찾아내 감시하는 항공기. 대함 미사일과 어뢰 등을 갖추고 있어 적 잠수함과 함정을 공격할 수 있다. 2007년 현재 우리 해군이 8대를 사용하고 있으며 추가로 8대를 도입할 예정이다.

| 공군 |

F-15K 전투기

우리 공군의 최신예 전투기. 2005년부터 2008년까지 40대를 도입할 예정이다. 작전을 펼 수 있는 반경이 1,800km에 달해 유사시에 우리나라에서 이륙해 일본 전역, 중국 대부분 지역에서 활약할 수 있다. 각종 폭탄, 미사일 등을 13t까지 실을 수 있어 지상의 목표물을 효과적으로 공격할 수 있다. 2명의 승무원이 탑승해 최대 마하 2.3(음속의 2.3배, 약 시속 2,820km)의 속도로 날 수 있다.

KF-16 전투기

우리 공군의 주력 전투기. 1995년부터 2004년까지 총 140대를 도입했지만 2007년 7월까지 5대가 추락해 135대를 사용하고 있다. F-15K에 비해 목표물을 공격하고 되돌아올 수 있는 거리가 훨씬 짧다. 7.3t의 각종 폭탄과 미사일을 실을 수 있다. 1명의 승무원이 탑승하고 최대 속도는 마하 2.0이다.

F-4D, F-4E 전투기

1960년대에 처음 만들어진 전투기로 우리 공군은 1960~1980년대에 150여 대를 도입해 지금도 상당수를 사용하고 있다. F-4E 전투기의 경우 각종 무기 7.2t을 탑재한다. 2명의 승무원이 탑승해 최대 속도 마하 2.2로 날 수 있다. 한번에 3,100km를 비행할 수 있다.

T-50 고등훈련기

우리 기술로 개발한 첫 초음속 항공기. 현재 공군의 훈련용으로 사용한다. 최고 속도는 마하 1.5로 전 세계 고등훈련기 중 가장

빠르고 성능이 뛰어나다는 평가를 받는다. 아랍에미리트연합 등 외국으로 수출이 추진되고 있다. 이 비행기를 기초로 공격 기능을 추가한 경공격기 FA-50도 개발중이다.

KT-1 기본훈련기

국내 기술로 처음 만들어진 공군의 기본 훈련기. 처음 항공기를 조종하는 훈련생들의 훈련용으로 사용한다. 국방과학연구소와 한국항공우주산업이 1988년부터 약 10년 동안 개발했다. 일부 외국 기술을 제외하고 거의 모든 제작과정이 우리 기술로 이루어졌다. 인도네시아에 12대를 수출했고 2007년 8월 55대를 터키로 수출하는 계약을 체결하는 등 외국 수출도 많이 이루어지고 있다.

| 유도 무기(미사일) |

현무 지대지 미사일

우리 기술로 개발해 사용중인 지대지(땅에서 발사해 땅 위의 목표물을 공격하는 것) 미사일. 적 기지나 지휘소 등 중요한 목표물을 공격하는 용도로 사용한다. 사정거리는 180~300km로 북한이 사용중인 노동 미사일, 스커드 C 미사일 등에 비해 짧지만 정확도는 훨씬 높다. 수류탄과 비슷한 위력의 소형 폭발물 600~800발이 들어 있어 가로 600m 세로 400m 지역을 한번에 파괴할 수 있다. 길이는 12m, 무게는 4.5t이다.

에이태킴스(ATACMS) 지대지 미사일

미국에서 수입한 지대지 미사일. 현재 육군에서 사정거리가 165km인 것 111발과 300km인 것 110발 등 221발을 보유하고 있다. 적 장갑차나 이동식 미사일 등을 공격하는 데 효과적이다. 수류탄과 비슷한 위력의 소형 폭발물 300~950발을 탑재, 축구장 1~3개 면적을 한번에 파괴할 수 있다.

해성 함대함 미사일

우리 기술로 1996년부터 2003년까지 7년의 개발 과정을 거쳐 만든 함대함 미사일. 발사된 뒤 물 위를 스치듯이 낮게 비행해 날아가는 순항(크루즈) 미사일이기 때문에 적이 먼저 발견해 방어하기 힘들다. 최대 사정거리는 150km 이상이다.

신궁 휴대용 대공미사일

군인 1~2명이 지니고 다니며 손쉽게 발사할 수 있는 지대공 미사일. 주로 적 항공기의 열 등을 추적해 낮은 고도로 날아오는 항공기나 헬기를 격추하는 데 쓰인다. 최대 사정거리는 7km고 마하 2.0 이상의 속도로 최대 3.5km 높이까지 날 수 있다.

천마 지대공 미사일

장갑차에 장착하여 자유롭게 움직이며 적 항공기를 격추하기 때문에 자주 대공미사일이라고도 불린다. 마하 2.6의 속도로 최대 9km 떨어진 목표물을 공격할 수 있다. 장갑차 1대의 발사대에는 8발의 천마 지대공 미사일을 장착할 수 있다.

백상어, 청상어 어뢰

백상어는 잠수함에서 물 위의 배를 공격하는 어뢰다. 길이 6m, 무게 1.1t으로 물속에서 최고 시속 63km로 이동한다. TNT 폭약 0.37t이 폭발하는 것과 같은 파괴력을 지니고 있다. 청상어는 함정이나 항공기에서 발사하여 물속의 잠수함을 공격하는 어뢰다. 길이 2.7m, 무게 0.28t, 최고 시속 83km로 1.5m 두께의 철판도 관통할 수 있다.

암람(AMRAAM) 공대공 미사일

최대 50km 떨어져 있는 적 항공기를 격추할 수 있는 공대공(항공기에서 발사하여 적 항공기를 공격하는 것) 미사일. 고성능 컴퓨터와 레이더를 이용해 스스로 목표물을 쫓아가 맞출 수 있다. 길이는 3.66m, 무게 0.15t이고 최고 속도 마하 4로 날 수 있다.

정리 유용원

| 도판 자료 출처 |

한민족 전투원형
http://battle.culturecontent.com/
7(위), 11, 22(아래), 23, 27, 29, 33, 37, 43, 46, 49, 53, 59, 62, 64, 85, 88, 91, 93, 94, 98, 101, 102, 105, 107, 114, 115, 116, 118, 120, 123, 128, 132, 136(오른쪽), 139(아래 오른쪽), 142(위), 142(위), 144(아래), 151, 154, 157, 169(아래), 175, 176, 178, 181(아래), 184, 187, 191, 195, 198, 200, 203, 210, 214, 216, 219, 225(왼쪽), 231, 235, 237(위), 238(위), 239(위 왼쪽), 240(위), 241(아래), 253(아래), 257(사전장총통, 팔전총통), 266(중간), 272, 273(위, 중간), 274, 275, 278, 279, 282, 296, 299, 304(김좌진 생가)

정변 – 개혁과 모반의 한국사
http://jeongbyeon.culturecontent.com/
7(아래), 74(아래), 75(아래), 80(위), 146(가운데), 246(위), 247(아래), 249(아래), 250(아래), 251(가운데, 아래), 270(가운데, 아래), 273(아래), 285

한국무예 원형 및 무과시험 복원
http://yjc.culturecontent.com/
283, 284, 291(왼쪽, 오른쪽)

조선시대 암호신호 전달체계
http://chosunpass.culturecontent.com/
286, 287

조선시대 수영– 디지털 복원 및 수군의 생활사
http://navalbase.culturecontent.com/
280(위, 아래), 281

조선시대 전통 한선의 원형 복원
http://koreanship.culturecontent.com/
6(오른쪽), 147, 276

한국 궁술의 원형
http://archery.culturecontent.com/
137(오른쪽), 245(위)

첩보활동
http://spy.culturecontent.com/
65(아래), 95

한국의 고유복식
http://costumekorea.culturecontent.com/
97

삼별초 문화원형
http://jejukipa.culturecontent.com/
137(왼쪽)

전쟁기념관
17(아래), 24, 35, 45, 69(아래), 70, 72(아래), 74(위), 76(아래), 79(원방패), 80(아래), 81(위), 81(아래 왼쪽, 오른쪽), 82, 104, 117, 127, 138, 142(아래), 143(아래), 144(위), 145(위, 중간), 146(위, 아래), 148, 181(위), 188, 193, 194, 197, 246(아래), 247(위), 248, 249(위), 250, 251(위), 252, 253(위), 254(위), 255(중간, 아래), 256(위), 257(맨 위), 258(위, 아래), 259(별승자총통, 소승자총통, 쌍자승자총통), 261(위, 아래 왼쪽), 262, 264(위), 265, 266(아래), 267(아래 오른쪽), 268(위), 269(아래), 270(오른쪽 위, 오른쪽 아래), 271

육군박물관
20(아래), 72(중간), 73, 75(중간), 169(위), 172, 247(중간), 251(맨 위), 254(아래), 256(중간, 아래), 257(삼안총, 삼총통), 258(중간), 259(승자총통, 소총통), 260(차승자총통 제외), 263, 264(아래), 267(아래 왼쪽)

국립중앙박물관
18(위 왼쪽, 위 오른쪽;중박200803-32), 78(위), 79(충각부주), 280(중간;중박200803-32)

부산복천박물관
18(위 가운데), 70(쇠낫 중 왼쪽 중간, 아래), 72(위 오른쪽)

국립김해박물관
71(중간, 우측), 72(위 왼쪽), 77(삼각판갑), 78(가운데)

국립광주박물관
8, 19

국립부여박물관
70(위)

국립공주박물관
70(쇠낫 중 오른쪽)

국립대구박물관
71(왼쪽)

독립기념관
201, 221, 230

서울대학교박물관
70(쇠낫 중 왼쪽 위), 76(위), 260(차승자총통)

경상대학교박물관
77(횡장판갑), 81(중간 왼쪽, 오른쪽)

부경대학교박물관
77(장방판갑), 79(차양주)

부산대학교박물관
77(종장판갑)

창원대학교박물관
78(아래)

경북대학교박물관
75(위)

『새롭게 다시 보는 임진왜란』(국립진주박물관)
253(중간) 269(위;진박200803-01)

『민족문화대백과사전』
174, 239(아래), 311, 314

『한국무기발달사』(국방군사연구원)
266(왼쪽, 오른쪽), 267(위)

『Technical Manual 1900~1950』(U.S. Department of War)
308, 318, 319, 320, 321(위), 322, 323(아래), 324

U.S. Air Force Official Photo
327

최진연
22(위)

김병륜 제공
292, 306, 307

유용원 제공
328, 329, 330, 331, 332, 333, 334, 335, 336, 337, 338, 339, 340, 341

| 찾아보기 |

전투

인물

무기와 방어구

문화원형 창작소재 활용가이드북

(주)현암사는 한국문화콘텐츠진흥원과 손잡고 문화원형 창작소재 활용가이드북을 출간합니다. 이 시리즈는 한국문화콘텐츠진흥원이 구축한 문화원형 디지털콘텐츠 사이트를 기반으로 다음과 같은 사항을 염두에 두고 만들었습니다.

- 우리 문화원형에 대한 독자의 관심 증대
- 단순한 편집에서 벗어난 생생하고 입체적인 구성
- 온라인의 문화원형콘텐츠를 쉽게 접하고 이해할 수 있는 계기 마련
- 창작소재로서의 문화원형콘텐츠 가치 제고

문화원형 디지털콘텐츠 사이트는 원천자료인 2D 이미지, 원천자료를 기반으로 만들어진 3D 모델, 이해를 돕기 위해 만들어진 각종 일러스트와 플래시 애니메이션 등으로 구성되어 있습니다. 수많은 자료 중 각 권의 주제와 관련된 자료를 모아 정리한 후 부족한 부분을 보완하며 유기적으로 구성했습니다. 특히 디지털로 만들어진 콘텐츠를 책으로 옮기는 과정에서 기존 디지털콘텐츠의 장점을 살리면서 인쇄 매체에 효과적으로 어울리도록 초점을 맞추었습니다.

아무쪼록 독자 여러분이 문화원형콘텐츠에 대한 관심을 넓히는 데 이 책이 디딤돌의 역할을 했으면 하는 바람입니다.

『한국의 전투와 무기』에 사용한 주요 문화원형콘텐츠

한민족 전투원형 battle.culturecontent.com

전투·인물·무기 이야기, 일러스트 이미지, 사진, 전투 상황도, 갑옷 3D 이미지

정변 – 개혁과 모반의 한국사 jeongbyeon.culturecontent.com

각종 무기와 방어구 3D 이미지

한국무예 원형 및 무과시험 복원 yjc.culturecontent.com

무과시험 3D 동영상, 병서 사진

조선시대 암호신호전달체계 chosunpass.culturecontent.com

신호·암호 전달 3D 이미지, 일러스트 이미지, 플래시 이미지

조선시대 수영 – 디지털 복원 및 수군의 생활사
navalbase.culturecontent.com

수군의 생활 플래시 이미지

조선시대 전통 한선의 원형 복원 koreanship.culturecontent.com

군함 일러스트 이미지, 사진

한국 궁술의 원형 archery.culturecontent.com

인물 일러스트 이미지

첩보활동 spy.culturecontent.com

고대 인물 일러스트 이미지

한국의 고유복식 costumekorea.culturecontent.com

고대 인물 일러스트 이미지, 사진

삼별초 문화원형 jejukipa.culturecontent.com

인물 일러스트 이미지

문화원형 디지털콘텐츠 사이트 안내

전통 문화의 여러 테마를 디지털로 재구성한 문화원형 디지털콘텐츠를 한국문화콘텐츠진흥원의 문화콘텐츠닷컴(www.culturecontent.com)에서 만나볼 수 있습니다.

| 신화, 전설, 민담, 역사, 문학 등의 이야기형 소재 |

게임/만화/애니메이션 및 아동 출판물 창작소재로서의 암행어사 기록 복원 및 컨텐츠 제작
amhang.culturecontent.com

고대국가의 건국설화 이야기
sulhwa.culturecontent.com

고대에서 조선시대까지, "정변(政變)" 관련 문화콘텐츠 창작소재화 개발
jeongbyeon.culturecontent.com

고려사(高麗史)에 등장하는 인물유형의 디지털콘텐츠화
goryeo.culturecontent.com

고려인의 러시아 140년 이주 개척사를 소재로 한 문화원형 디지털콘텐츠 개발
kosa.culturecontent.com

구전신화의 공간체계를 재구성한 판타지콘텐츠의 원소스 개발
koreamyth.culturecontent.com

국가문화상징 무궁화의 원형자료 체계화와 문화콘텐츠 개발
mugung.culturecontent.com

근대 기생의 문화와 예술에 대한 디지털콘텐츠화
kisaeng.culturecontent.com

근대 대중문화지에 실린 '야담'을 통한 시나리오 창작소재의 개발
yadam.culturecontent.com

근대 토론문화의 원형인 독립신문과 만민공동회의 복원
independent.culuturecontent.com

문화산업 창작소재로서의 신라화랑 콘텐츠 개발
hwarang.culturecontent.com

민족의 영산 백두산 문화상징 디지털콘텐츠 개발
backdoo.culturecontent.com

바다 속 상상세계의 원형 콘텐츠 기획
dragonpalace.culturecontent.com

불교설화를 통한 시나리오 창작소재 및 시각자료 개발
buda.culturecontent.com

『삼국사기(三國史記)』 소재 역사인물 문화콘텐츠 개발
samguksagi.culturecontent.com

〈삼국유사〉 민간설화의 창작공연 및 디지털콘텐츠화 사업(연오랑과 세오녀)
yor.culturecontent.com

삼별초 문화원형에 기반한 디지털콘텐츠 개발
jejukipa.culturecontent.com

서사무가 "바리공주"의 하이퍼텍스트 만들기 및 그 샘플링 개발
bahrie.culturecontent.com
신화의 섬, 디지털제주 21 : 제주도 신화 전설을 소재로 한 디지털콘텐츠 개발
jeju.culturecontent.com
어린이 문화 콘텐츠의 창작 소재화를 위한 전래동요의 디지털콘텐츠 개발
kidssong.culturecontent.com
오방대제와 한국 신들의 원형 및 인물 유형 콘텐츠 개발
obang.culturecontent.com
우리 성(性)신앙의 역사와 유형, 실체를 찾아서
edumr.culturecontent.com
우리 역사 최초의 여왕, 선덕여왕의 드라마 중심 스토리 개발
seondeok.culturecontent.com
우리 장승의 디지털콘텐츠 개발
jangseung.culturecontent.com
우리 저승세계에 대한 문화콘텐츠 개발
koreaunderworld.culturecontent.com
조선 후기 여항문화(閭巷文化)의 디지털콘텐츠 개발
yeohang.culturecontent.com
조선시대 검안기록을 재구성한 수사기록물 문화콘텐츠 개발
egurman.culturecontent.com
조선시대 기녀 문화의 디지털컨텐츠 개발
ginyeo.culturecontent.com
조선시대 대하소설을 통한 시나리오 창작소재 및 시각자료 개발
story.culturecontent.com
조선시대 유배(流配)문화의 디지털콘텐츠화
exile.culturecontent.com
조선시대 유산기(遊山記) 디지털콘텐츠 개발
yusan.culturecontent.com
조선시대 탐라순력도의 디지털 콘텐츠 개발
virtualjeju.culturecontent.com
조선왕조 아동교육 문화원형의 디지털콘텐츠화
edu.culturecontent.com
조선의 궁중 여성에 대한 디지털콘텐츠 개발
female.culturecontent.com
죽음의 전통의례와 상징세계의 디지털콘텐츠 개발
jangrye.culturecontent.com
중국 문화원형에 기반한 문화콘텐츠 창작소재 개발지원
chinastory.culturecontent.com
지역별 현지조사를 통한 한국 정령 연구를 통한 극장용 장편 애니메이션 제작
doraefountain.culturecontent.com
천년고택 시나락
ssinarack.culturecontent.com
"천년불탑의 신비와 일어서지 못하는 와불의 한" 운주사 스토리 뱅크
unjusa.culturecontent.com

천하명산 금강산 관련 문화원형 디지털콘텐츠 개발
gumgang.culturecontent.com
토정비결에 나타난 한국인의 전통서민 생활규범 문화원형을 시각 콘텐츠로 구현
tj.culturecontent.com
표해록을 통한 시나리오 창작 소재 및 캐릭터 개발
pyohaerok.culturecontent.com
한국 근대 여성교육과 신여성 문화의 디지털콘텐츠개발
newwoman.culturecontent.com
한국 도깨비 캐릭터 이미지 콘텐츠 개발과 시나리오 제재 유형 개발
dokkaebi.culturecontent.com
한국 무속 굿의 디지털콘텐츠 개발
good.culturecontent.com
한국 승려의 생활문화 디지털콘텐츠화
buddhist.culturecontent.com
한국 인귀설화의 원형 콘텐츠개발
koreaghost.culturecontent.com
한국 호랑이 디지털콘텐츠 개발
koreantiger.culturecontent.com
한국사에 등장하는 첩보활동 관련 문화콘텐츠 소재개발
spy.culturecontent.com
한국설화의 인물유형분석을 통한 콘텐츠 개발
koreastory.culturecontent.com
한국신화 원형의 개발
myth.culturecontent.com
한국적 감성에 기반한 이야기 문화원형 디지털콘텐츠화
koreanemotions.culturecontent.com

| 회화, 서예, 복식, 문양, 음악, 춤 등의 예술형 소재 |

게임제작을 위한 문화원형 감로탱의 디지털 가공
gamroteng.culturecontent.com
고구려 고분벽화의 디지털콘텐츠개발
koguryo.culturecontent.com
고려시대 전통복식 문화원형 디자인개발 및 3D제작을 통한 디지털 복원
koryo.culturecontent.com
고문서 및 전통문양의 디지털 폰트 개발
font.culturecontent.com
국악기 음원과 표준 인터페이스를 기초로 한 한국형 시퀀싱 프로그램 개발
koreasound.culturecontent.com
국악대중화를 위한 정간보(井間譜) 디지털폰트 제작과 악보저작도구 개발
jungganbo.culturecontent.com

국악선율의 원형을 이용한 멀티 서라운드 주제곡 및 배경음악 개발
km.culturecontent.com
국악장단 디지털콘텐츠화 개발
jangdan.culturecontent.com
궁중문양의 디지털콘텐츠 개발
royalpattern.culturecontent.com
만봉스님 단청문양의 디지털화를 통한 산업적 활용방안 연구개발
www.danchungmoonyang.com
무형문화재로 지정된 한국의춤 디지털콘텐츠 개발
koreadance.culturecontent.com
문화원형관련 동물아이콘 체계 구축 및 고유복식 착장 의인화(擬人化) 소스 개발
iconzoo.culturecontent.com
문화원형관련 복식디지털콘텐츠 개발
costumekorea.culturecontent.com
백두대간의 전통음악 원형지도 개발
bdmusic.culturecontent.com
범종을 중심으로 한 불전사물의 디지털콘텐츠 개발과 산업적 활용
sansa.culturecontent.com
부적의 디지털콘텐츠화 개발
amulet.culturecontent.com
아리랑 민요의 가사와 악보 채집 및 교육자료 활용을 위한 디지털콘텐츠 개발
arirang.culturecontent.com
악학궤범을 중심으로 한 조선시대 공연문화 콘텐츠 개발
d-joseon.culturecontent.com
암각화와 고분벽화 이미지의 재해석에 의한 캐릭터 데이터 베이스 작업 및 창작 애니메이션 제작
rock.culturecontent.com
우리 음악의 원형 산조 이야기
kukak.culturecontent.com
잃어버린 백제 문화를 찾아서(백제금동대향로에 나타난 백제인의 문화와 백제 기악탈 복원)
baekjehyangno.culturecontent.com
전통 자수문양 디지털콘텐츠개발
jasu.culturecontent.com
전통놀이와 춤에서 가장(假裝)하여 등장하는 인물의 콘텐츠 개발
dance.culturecontent.com
전통민화의 디지털화 및 원형 소재 콘텐츠개발
www.digitalminhwa.com
전통음악 음성원형 DB구축 및 디지털콘텐츠웨어 기획개발
pansori.culturecontent.com
조선시대 최고의 문화예술 기획자 효명세자와 〈춘앵전〉의 재발견
spring.culturecontent.com
조선왕실축제의 상징이미지 디자인 및 전통색채 디지털콘텐츠 개발
www.ewhacolordesign.com
종묘제례악의 디지털콘텐츠화
jongmyojeryeak.culturecontent.com

중요무형문화재 제13호 강릉단오제 문화원형 디지털콘텐츠 개발
danoje.culturecontent.com
최승희 문화 원형 콘텐츠 개발
choisunghee.culturecontent.com
탈의 다차원적 접근을 통한 인물유형 캐릭터 개발
koreamask.culturecontent.com
한국 고서의 능화문(菱花紋) 및 장정(裝幀)의 디지털콘텐츠화
bookart.culturecontent.com
한국 근대의 음악원형 디지털콘텐츠 개발
music.culturecontent.com
한국 대표 이미지로서 국보 하회탈의 문화원형 콘텐츠 구축
hahoemasks.culturecontent.com
한국 미술에 나타난 길상 이미지 콘텐츠 개발
gilsang.culturecontent.com
한국불교 목공예의 정수 〈수미단〉의 창작소재 개발
sumidan.culturecontent.com
한국 불화(탱화)에 등장하는 인물캐릭터 소재 개발
teng.culturecontent.com
한국 전통 머리모양새와 치레거리의 디지털콘텐츠 개발
hair.culturecontent.com
한국 풍속화의 문화원형 디지털콘텐츠 개발
nanopic.culturecontent.com
한국의 소리은행 개발 – 전통문화 소재, 한국의 소리
www.soundroot.com
한국의 전통 장신구 – 산업적 활용을 위한 라이브러리 개발
ornamemt.culturecontent.com
한국 전통 문화공간인 정원과 정자의 창작소재화 개발
koreaoldgarden.culturecontent.com
한국전통팔경의 디지털화 및 원형소재 콘텐츠 개발
land.culturecontent.com
현대 한국 대표 서예가의 한글 서체를 컴퓨터 글자체로 개발
sejongfont.culturecontent.com
흙의 미학, 빛과 소리 – 경기도자 문화원형의 디지털콘텐츠 개발
g-ceramic.culturecontent.com

| 전투, 놀이, 외교, 교역 등의 경영 및 전략형 소재 |

고구려 백제의 실크로드 개척사 및 실크로드 관련 전투양식, 무기류, 건축, 복식 디지털 복원
www.digitalsilkroad.com
고려 '팔관회'의 국제박람회 요소를 소재로 한 디지털콘텐츠 개발
pgh.culturecontent.com

근대적 유통경제의 원형을 찾아서
economy.culturecotent.com
근대 초기 한국문화의 변화양상에 대한 디지털콘텐츠 개발
modernculture.culturecontent.com
기산풍속도(箕山風俗圖)를 활용한 19세기 조선의 민중생활상 재현
kisan.culturecontent.com
맨손무예 택견의 디지털콘텐츠화
taekkyon.cultuercontent.com
발해의 영역 확장과 말갈 지배 관련 디지털콘텐츠 개발
skkucult.culturecontent.com
온라인 RPG 게임을 위한 한국 전통 무기 및 몬스터 원천 소스 개발
www.koreanmonsters.com
우리 문화 흔적들의 연구를 통한 조선통신사의 완벽 복원
tongsinsa.culturecontent.com
유랑예인집단 남사당 문화의 디지털콘텐츠화 사업
namsadang.culturecontent.com
전통놀이 원형의 디지털콘텐츠 제작
www.koreangame.net
조선시대 국왕경호체제 및 궁궐과 도성방위체제에 관한 디지털콘텐츠 개발
king.culturecontent.com
조선시대 수영의 디지털 복원 및 수군의 군영사 콘텐츠 개발
navalbase.culturecontent.com
조선시대 암호(暗號)방식의 신호전달체계 디지털콘텐츠복원(兵將圖說, 兵學指南演義의 신호체계, 신호연, 봉수를 중심으로)
chosunpass.culturecontent.com
조선왕조 궁중통과의례 문화원형의 디지털 복원
palace.culturecontent.com
조선후기 상인(商人) 활동에 나타난 "한국상업사 문화원형"의 시각콘텐츠 구현
market.culturecontent.com
줄타기 원형의 창작소재 콘텐츠화 사업
jultagi.culturecontent.com
진법 자료의 해석 및 재구성을 통한 조선시대 전투전술교본의 시각적 재현
jin.culturecontent.com
초·중등학생 역사교육 강화를 위한 초·중등 학생용 '재미있는 역사 교과서' 교재 개발(재미있는 디지털 한국사 이야기 I, II) - 한국 궁술의 원형 복원을 위한 디지털콘텐츠 개발
archery.culturecontent.com
한국무예의 원형 및 무과시험 복원을 통한 디지털콘텐츠 개발
yjc.culturecontent.com
한국 바다문화축제의 뿌리, '당제(堂祭)' 의 문화콘텐츠화
dangje.culturecontent.com
한국사에 등장하는 '역관' 의 외교 및 무역활동에 관한 창작 시나리오 개발
yukgwan.culturecontent.com
한국 전통무예 택견의 미완성 별거리 8마당 복원을 통한 디지털콘텐츠 개발 및 상품화 사업
taekyun.culturecontent.com

한민족 전투원형 콘텐츠 개발
battle.culturecontent.com

| 건축, 지도, 농사, 어로, 음식, 의학 등의 기술형 소재 |

대동여지도와 대동지지의 3D 디지털 아카이브 개발
daedong.culturecontent.com
독도 역사 문화 환경의 디지털콘텐츠 개발
dokdo.culturecontent.com
사이버 전통 한옥마을 세트 개발
yetzip.culturecontent.com
사찰건축 디지털 세트 개발
jeolzip.culturecontent.com
서울의 근대공간 복원 디지털콘텐츠 개발
modernseoul.culturecontent.com
선사에서 조선까지 해상 선박과 항로, 해전의 원형 디지털 복원
koreanship.culturecontent.com
세계의 와인문화 디지털콘텐츠화
wine.culturecontent.com
앙코르와트의 디지털콘텐츠화
angkorwat.culturecontent.com
애니메이션 요소별 배경을 위한 전통건축물 구성요소 라이브러리 개발
goarch.culturecontent.com
옛길 문화의 원형복원 콘텐츠개발
oldroad.culturecontent.com
옛 의서(醫書)를 기반으로 한 한의학 및 한국 고유의 한약재 디지털콘텐츠화
herb.culturecontent.com
우리의 전통다리 건축 라이브러리 개발 및 3D디지털콘텐츠 개발
nexpop.culturecontent.com
전통 수렵(사냥) 방법과 도구의 디지털콘텐츠 개발
sanyang.culturecontent.com
전통시대 수상교통 – 뱃길(水上路) 문화원형 콘텐츠 개발
waterway.culturecontent.com
전통 어로방법과 어로도구의 디지털콘텐츠화
efishing.culturecontent.com
전통 한선(韓船) 라이브러리 개발 및 3D 제작을 통한 디지털 복원
hansun.culturecontent.com
조선시대 궁궐조경의 디지털 원형 복원을 통한 전통문화 콘텐츠 리소스 개발
ecdg.culturecontent.com
조선시대 궁중기술자가 만든 세계적인 과학문화유산의 디지털 원형복원 및 원리이해 콘텐츠개발
cheonmun.culturecontent.com

조선시대 조리서에 나타난 식문화원형 콘텐츠 개발
joseonfood.culturecontent.com
조선시대 흠휼전칙(欽恤典則)에 의한 形具 복원과 刑 執行 事例의 디지털콘텐츠 개발
hyunggu.culturecontent.com
조선후기 궁궐 의례와 공간 콘텐츠 개발
digitalpalace.culturecontent.com
조선후기 사가(私家)의 전통가례(傳統嘉禮)와 가례음식(嘉禮飮食) 문화 원형 복원
jilsiru.culturecontent.com
조선후기 한양도성의 복원을 통한 디지털 생활사 콘텐츠 개발
digitalhanyang.culturecontent.com
풍수지리 콘텐츠개발
fengshui.culturecontent.com
한강을 중심으로 하는 생활문화 콘텐츠 개발
hanriver.culturecontent.com
한국 산성 원형의 디지털콘텐츠 개발
sansung.culturecontent.com
한국석탑의 문화원형을 이용한 디지털콘텐츠 개발
pagoda.culturecontent.com
한국 술문화의 디지털콘텐츠화 - 고대부터 근대까지의 한국 전통주를 중심으로
koreanliquor.culturecontent.com
한국의 고인돌 문화 콘텐츠 개발
goindol.culturecontent.com
한국의 24절기(節氣)를 이용한 디지털콘텐츠 개발
solarterms.culturecontent.com
한국인 얼굴 유형의 디지털콘텐츠개발
koreanface.culturecontent.com
한국전통가구의 디지털콘텐츠 개발 및 산업적 활용방안 연구
gagu.culturecontent.com
한국 전통건축, 그 안에 있는 장소들의 특성에 관한 콘텐츠 개발
korealike.culturecontent.com
한국 전통 도량형의 디지털콘텐츠화
pyojun.culturecontent.com
한국전통목조건축 부재별 조합에 따른 3차원 디지털콘텐츠 개발
mokjo.culturecontent.com
한국 전통 일간과 철제연장 사용의 디지털콘텐츠 개발 - 금속생활공예품 제작을 중심으로
metal.culturecontent.com
한국천문, 우리 하늘 우리 별자리 디지털 문화콘텐츠 개발
cosmos.culturecotent.com
화성의궤 이야기
hwaseong.culturecontent.com